打造一个内心强大的自己

做个有出息的青少年

青田◎编著

中国纺织出版社有限公司

内 容 提 要

如果你想成就一番大事业，那么人生路途中的荆棘和坎坷都算不了什么，关键是如何打造一个内心强大的自己，在苦难中保持不屈不挠的精神，并且朝着你的人生目标锐意进取，那么你就会获得成功的青睐，命运的眷顾。

本书剖析了现代人的脆弱，如在困难面前的哭泣、看不开的忧愁、想不通的焦虑，面对不堪一击的内心，我们更需要淡然，塑造一个强大的内心，重新找回属于自己的人生。

图书在版编目（CIP）数据

打造一个内心强大的自己 / 青田编著. --北京：中国纺织出版社有限公司，2020. 9
（做个有出息的青少年）
ISBN 978-7-5180-7547-8

Ⅰ. ①打… Ⅱ. ①青… Ⅲ. ①成功心理—青少年读物
Ⅳ. ①B848.4-49

中国版本图书馆CIP数据核字（2020）第112338号

责任编辑：张　羽　　责任校对：韩雪丽　　责任印制：储志伟

中国纺织出版社有限公司出版发行
地址：北京市朝阳区百子湾东里A407号楼　邮政编码：100124
销售电话：010—67004422　传真：010—87155801
http：//www.c-textilep.com
官方微博http://weibo.com/2119887771
三河市延风印装有限公司印刷　各地新华书店经销
2020年9月第1版第1次印刷
开本：880×1230　1/32　印张：6
字数：109千字　定价：25.00元

前言

虽然我们无法左右命运，但也不要被命运所左右，关键在于我们是否拥有强大的自己。成功者在现实生活中，几乎都是处于动荡与逆境之中，怎么样在逆境中求得生存和发展是每个成功者都在关心和思考的问题。他们长期流浪，居无定所，在艰苦而恶劣的环境中磨练了不屈不挠的生命意志。

不屈不挠的精神是催人奋进和获取成功的法宝，也是成功者的一种致胜秘诀。成功者能够获得举世瞩目的成就，就是因为他们不屈不挠的意志，并且懂得锐意进取。无论面对的是战争的苦难，还是自己的磨难，他们都绝不低头。由于命运的多舛，使得他们在任何时候都不会倒下，而是奋力抗争，积极进取。在他们的身上，永远彰显着勇往直前的作风和不断前进的精神。

别想一下就造出大海，必须先由小河川开始。在成功者的思想里，世界上没有一步登天的奇迹。所以他们恪守自己“脚踏实地”的原则，做任何事情都是循序渐进。他们明白，如果要想获得成功，就必须从小事做起，哪怕是一件微不足道的小事。他们只专注于现在所拥有的工作，成功者先祖的智慧告诉他们：用投机取巧的方法来获得成功，那是永远不可取的。可能你在短时期内能获得一两次的成功，但是不能获得长久的成功。他们更愿意通过慢慢添加一砖一瓦，踏踏实实地坚守自己的位置，最后建造出属于自己的美丽城堡。

大多数成功者都是通过自己白手起家来达到成功的，在最刚开始的职业之初，他们一般都是从事最底层的工作。但是他们并没有为自己位于底层而气馁，相反，他们正是把底层作为他们自己的展现平台，也是成功的开端。

成功者认为，人就应该从基础工作做起，认真完成每一项工作。他们通过认真工作来磨炼自己的情操，他们从来不会好高骛远，而是坚守脚踏实地的工作态度，这样才能逐渐地积累自己丰富的阅历和宝贵的工作经验，而这对于以后从事更富有挑战性的工作是一个准备。当他们最后面对比较复杂的工作的时候，依然能够胸有成竹地去完成它。

中国有这么一句古话：“天降大任于斯人也，必先苦其心志，劳其筋骨，饿其体肤，空乏其身，行拂乱其所为，所以动心忍性，增益其所不能。”

编著者

2020年1月

目录

下篇　人生随缘，顺其自然就好

上篇

人生淡然如花，自然一路芬芳

第1章　得意时不忘形，失意时不悲伤

人这一生不可能顺顺利利，有得意必有失意，有快乐必有痛苦，有欢笑必有眼泪，重要的是人的心态，所谓“得意时看淡，失意时更要看开”。当我们得意的时候，心情就会很好，感觉天格外蓝，空气也清新，希望所有的人都来分享自己的喜悦。然而，人生之路就好像天气一样，总不可能永远风和日丽、艳阳高照，也会有风雨交加、电闪雷鸣的日子。我们不可能只享受晴朗的天气，而回避恶劣的天气。所以，不论人生有什么样的风风雨雨，我们都要学会坦然面对。

走出失意人生，福气不请自来

我们虽不奢望人生一帆风顺，但总希望人生的路是笔直的，尽管中间会遇到困难和挫折。生活就好像是电影一般，意外总是在不经意间出现，其中最让人难以接受的往往不是失败和挫折，而是无能为力的煎熬，这就是失意时的感觉。所谓失意，不是一场巨大挑战后的失败，而是根本没有挑战的机会，不管自己所处的现状在别人眼里看来是好是坏，但在自己看来都是没有希望的牢笼。虽然，失意时的落寞时刻是一种如地狱般的煎熬，但在这时更需要自我反省，为什么自己会落到失意的境地？除了时运不济，是否应该去寻找一些主观上的原因呢？成功者总会抓住失意时的机会，自我反省，总结失败的经验和教训，然后有一天再东山再起。

和田一夫21岁那年，自己经营的位于静冈县热海家的蔬菜水果店被一场大火烧毁，他几乎失去了所有。但是，失败并没有让他放弃希望，他将烧成平地的100平方米土地拿去做抵押，借钱买了块300平方米的土地盖了一个超级市场。超级市场在和田一夫的经营下，发展越来越好，这时，和田一夫想带着自己的超级市场进军亚洲，而新加坡成为了进入亚洲的起点。

1972年，和田一夫和日本野村证券公司第一次考察新加坡市场。然而，就在新加坡，他碰到了两件令自己苦恼的事情：一是新加坡租金太贵，完全超出了自己的预算；二是日本曾有段加害新加坡人的历史。对此，和田一夫说："对日本百货公司来说，1970年代是一个必须面对历史的时代。"回到日本后，和田一夫告诉了董事们这两件事，结果董事们纷纷表示反对投资新加坡。但是，和田一夫明白：零售业成功的因素是要消费者口袋里装着钞票。于是，在1970年代初期，和田一夫在新加坡开辟了第一个亚洲市场。1976年，受世界石油危机的冲击，新加坡八百伴被迫关门。通过这次教训，和田一夫领悟到：不该死守一个地方，要大胆调动资金，分散资产。紧接着，八百伴从东南亚“流通”到了中国。20世纪80年代末期至90年代初期，整个亚洲经济处于全盛时期，和田一夫的八百伴集团在16个国家和地区拥有了400多间百货公司，八百伴集团坐上了世界零售业第一把交椅。

1997年，负责掌管日本八百伴公司的和田一夫的弟弟，因被指控欺骗日本财政部而被法庭判定有罪，同时也判定和田一夫关闭所有海外企业，回日本受审。当时，日本媒体称和田一夫将资金调动到中国，拖累了日本八百伴。一夜之间，和田一夫变成了一个连累八百伴股东和员工的罪人。这时，和田一夫做出了决定，宣布“自我破产”，交出所有财物，向企业界告别，搬到一个租来的房子里。

如今，和田一夫成立了“和田一夫企业咨询公司”，他的日常工作就是用电脑给许多企业家回答问题，为企业团体作演讲。同时，他以探讨自己的失败撰写了《从零开始的经营学》，这本书成为了日本经典著作之一。对此，和田一夫这样说：“失败是我的财富，我想将这个企业咨询网络像当年八百伴一样伸展到亚洲，甚至全世界。”

在每一个失意故事的背后，往往都隐藏着宝贵的经验。实际上，失意本身就是人生自省的课题，它是一笔不可缺失的财富。尽管当我们遭遇失败、挫折的时候，都会感受到失意时的煎熬，但是，假如自己长时间深陷失意的情绪中难以自拔，不懂得自省，那失意还是会找上你，失败则会成为你的代名词。美国著名心理学家贝弗利·波特认为，当一个人在工作中的失败感大于他所取得的成就感时，就很有可能对自己的工作失去热情，而当这种失败感以一定的频率固定出现的时候，他就很容易对自己的工作产生倦怠。所以，在人生失意的时候，我们需要的是自我反省，不断积累失败的经验，让失败成为一笔财富，而不是自甘堕落，自暴自弃，藏起来独自抚摸失意的情绪。

1954年，巴西人都认为巴西足球队能获得世界冠军，然而，巴西足球队在半决赛中意外地败给了法国队。结果，那个金灿灿的奖杯与巴西无缘。当回国的飞机进入了巴西领空，球员们坐立不安，因为他们心里很清楚，这次回国肯定会遭遇难堪的情景。然而，当飞机降落在首都机场的时候，首先映入他们眼帘的却是另一种景象：巴西总统带着两万多名球迷默默地站在机场，共举一条大横幅——失败了也要昂首挺胸！顿时，球员们泪流满面，暗暗下定决心：告别昨天的失败，为下一次比赛努力！

4年后，巴西足球队又一次站在比赛场上，这一次，他们不负众望，夺得世界冠军，这是巴西足球队为国家捧回的第一次世界杯冠军奖杯。在巴西机场，16架喷气式战斗机为球员们护航，当飞机降落的时候，聚集在机场上的欢迎者达到了3万多人。从机场到首都广场不到20公里的道路两侧，自动聚集起来的人超过了100万，里奥市长由于晚出发了一会儿，竟无法驱车去机场。在路途中，球员被请进豪华汽车，几个主力球员则被人用手臂向前传递，在4个多小时的路程中，主力球员几乎脚不沾地，一直被送到总统府。

失败并不可怕，失意的情绪也并不可怕，可怕的是就此沉浸在失意的痛苦煎熬之中。面对失意也要反省人生，也要昂首挺胸，也要懂得努力，这样我们才会迎来未来的胜利。人生的成功需要环环相扣，每一个阶段的终点意味着你达到了新的起点。假如我们把人生的每一个失意都当作上天的考验，当作需要不断反省的课题，那人生真的会一次次给我们重来的机会。

在人生道路上，成功没有巅峰，追求也没有止境。短暂的得意往往会束缚人们前进的步伐，一时的辉煌也往往会消减人们的斗志。而失意中的自省，让人们在放弃时能鼓足勇气，想逃避时拾起自尊。

人生总有不如意，坚持熬过去

我们常说的一句话是“万事如意”，这样的祝愿总是美好的，一如人们的希望、期望和憧憬。不过，在现实生活中，每个人的生活却不可能事事顺心，事事如意。在人生的旅途中，我们每个人必须面对的是健康、婚姻、家庭、事业、声誉、金钱、权势。人们总希望健康，少生病，不生病；希望长命百岁，永远年轻、漂亮、潇洒；希望读一个好的大学，找一份好的工作，最好是事业有成、飞黄腾达；希望获得很多的金钱，过上锦衣玉食的日子；希望有一段美好的姻缘，有个温馨的家庭，孩子聪明可爱，爱人温柔体贴。然而，这只是“希望”，现实往往事与愿违，俗话说“人生不如意十之八九”，我们常常是那不如意之人。

1991年11月7日，当时32岁的NBA名将“魔术师”约翰逊在湖人队记者招待会上宣布退役，因为他感染了艾滋病病毒。

感染艾滋病病毒之后，约翰逊一直接受鸡尾酒疗法，将自己的病情控制在稳定的范围之内。他是三个孩子的父亲，同时也是丈夫，在家人的陪伴与支持下，他重新投入到工作中，管理着一个不小的商业王国，资产比退役时增加了将近20亿美元。2001年，约翰逊成立了魔术师约翰逊发展公司，拿下了洛杉矶城市里一块没人要的土地，建造了魔术师约翰逊剧院。后来，他说服了众多大商家入驻，并逐渐使其形成一个新的商业中心。2006年，约翰逊大胆收购了一家著名的连锁餐厅。可以说，即便退役之后，他自己的事业也是风生水起。

除了经商之外，约翰逊把所有的时间都投入篮球和公益活动之中，他曾经担任一家电视台的NBA嘉宾主持，常常参加以篮球为主题的公益活动。虽然直到今天他也没摆脱艾滋病的困扰，但是他却乐观地说："我从来没有把自己当病人，我感觉好极了。我庆幸自己还活着，尽管遇到了人生太多的不如意，但是我活着，我要告诉那些患有艾滋病的人，要自强不息，要积极面对每一天。"

疾病和灾难的发生都是没办法预料的，这些来自人生旅途上的不速之伴，常常会让我们对生活失去信心。但是，心态乐观的约翰逊坚持了下来。尽管人生给了我们太多的麻烦，我们也要笑着接纳，感恩生活，这样我们的生活才会变得越来越如意。

一位太太身患风湿病，每到刮风下雨就疼痛难忍，后来老伴得了脑溢血，卧床不起，吃喝拉撒全靠她照顾。再后来孩子们也下岗了，因为嫌家里穷，儿媳妇也跑掉了，儿子伤心欲绝之下做事精神恍惚，有一天在横穿马路时被车撞死。好像天灾人祸都认得她家里的路，然后一股脑儿砸下来。

这种令人绝望的日子落到任何人头上都难以接受，但令人惊讶的是，她竟然挺了过来。在人们纷纷佩服她超强毅力的时候，她只说了这样的话："凡事看得破才有得过，我只是比别人看得开一些而已，要不然一天也活不下去了。"

人生不如意何止十之八九？当一个人倒霉的时候，喝凉水都会塞牙。然而，对这一切上天赐予的灾难，我们又怎么应对呢？心态，好的心态，简单地说，就是看得开，这是一种乐观的生活态度。大仲马曾说："人生由一串串烦恼的念珠组成，乐观的人是笑着数完它的。"人生充满着各种不如意的事情，挫折与困难随处可见，是积极地应对还是消极承受，完全取决于你的心态。

我们应该记住，那些不如意之事是人生的一部分。在生活中，我们每个人都会面临各种各样的烦恼：工作上杂乱的琐事，身体上偶然出现的疾病，感情上的磕磕碰碰等。面对这些不如意的事情，我们总是惊慌失措，想逃避，想躲到没人的地方偷偷疗伤。然而，烦恼却是如影相随，让人无法彻底甩掉。生活的不如意一个接着一个，当你按下了葫芦，却浮起了瓢。烦恼与快乐本是孪生姐妹，只不过当快乐到来时，我们不会厌恶而已。但是，假如遇到不如意之事，我们也能像约翰逊一样看开，让所有的烦恼都成为自己人生韵律的一部分，以豁达、从容的心态对待，那事事皆会如意。

为了生存，为了活得更好，面对人生不如意之事，我们要看得开。看得开是对人生中所遇的灾难与伤害做最大限度的避让，是一种心理承受力的体现。然而，看得开并不是消极地回避：人活一世，草木一秋，生不带来，死不带去，及时行乐，这是随波逐流；是非成败转头空，纵使大富大贵也难免一死，成功与平庸到头来都是一样，这是不思进取；自己反正是不成材的料，再努力也是为他人作嫁衣，这是破罐子破摔。真正的看得开，是善良的本性、博大的胸怀、开阔的视野、沉着应对的能力。人生需要看得开，这样我们才能使艰辛的路上有一缕温馨的阳光，才能使艰苦的人生旅途充满快乐的向往。

别让心情打败你的人生

吕坤在《呻吟语》中这样写道：“在遭遇困难的时候，内心却居于安乐；在地位贫贱的时候，内心却居于高贵；在受冤屈而不得伸的时候，内心却居于广大宽敞，就会无往而不泰然处之。把康庄大道视为山谷深渊，把强壮健康视为疾病缠身，把平安无事视为不测之祸，那么你在哪里都会不安稳。”人生中的失意只是暂时的，这是上天为了给我们更多考验的机会，只要熬过失意的痛苦与疲惫，我们就可以重新扬起生活的风帆。在生活中，一些人一旦遇到了什么不如意的事情，就觉得自己倒霉了，走到人生的绝路了，他们开始自暴自弃，甘愿被失败打败，最终他们成为了一个彻头彻尾的失败者。其实，这些人是被失意的情绪蒙蔽了自己的眼睛，他们浑然忘记了明天的太阳还会升起，他们终日沉浸在失意的痛苦中，最后也被这痛苦所吞噬。

王太太是一位视丈夫为自己生存意义的人，不过在她大儿子上小学三年级，小儿子上小学一年级的时候，灾难突然降临到她家里：丈夫因交通事故死亡，而且还被法庭判成了施害者，为此，她只得卖掉房子和土地来赔偿。

最后王太太带着两个孩子背井离乡，到处流浪，好不容易得到一家人的同情，把一个仓库的一个小角落租借给她们母子三人居住。在不大的空间里，王太太铺了一张席子，拉了一个没有灯罩的灯泡，一个炭炉，一个吃饭兼孩子学习两用的小木箱，还有几床破被褥和一些旧衣服，那是他们全部的家当。

为了维持生计，王太太每天早上很早就离开家，先后去几处打零工，回到家里已经半夜了。于是家务的担子就落在了大儿子身上，生活非常艰苦，王太太哪能忍心让孩子这样艰难地熬下去呢？她想到了死，想把两个孤独无依的孩子也带走。

有一天，王太太泡了一锅豆子，早上出门前，她写给大儿子一张纸条：锅里泡着豆子，把它煮一下，晚上当菜吃，豆子烂了时少放点酱油。

这天王太太干了一天的活，实在累了，失去了活下去的勇气，她偷偷买了一包安眠药带回家，打算当天晚上和孩子们一起去死。回到家，她打开房门，见两个孩子已经睡了，在枕边放着一张纸条："妈妈，我照您的话去做，认真地煮了豆子。不过，晚上盛出来给弟弟当菜吃的时候，弟弟说太咸了，没法吃，他只吃了点冷水泡饭就睡觉了。妈妈，实在对不起。不过，请妈妈相信我，我确实是认真煮豆子的。妈妈求求您，尝一颗我煮的豆子吧。妈妈，明天早上不论您起得多早，都要在您临走前叫醒我，再教我一次煮豆子的方法。妈妈，您今天一定很累吧，我心里明白，妈妈是在为我们操劳。妈妈，谢谢您，不过请妈妈一定要注意自己的身体，我们先睡了，晚安！”泪水从王太太的眼里夺眶而出，她看着熟睡的孩子，毅然放弃了死的念头，因为她还有许多的东西支撑自己活下去。

失意时人们总想着放弃，他们被一时的痛苦所蒙蔽，浑然看不见人生中如花般的美好。王太太所遭受的打击是致命的，一个弱女子，还带着两个需要照顾的孩子，如何活下去？失意的她看不到希望，也等不到谁来帮助自己，唯有靠自己。假使心态稍有偏差，她就会选择结束自己的生命。然而，是孩子那几句乖巧懂事的话，让她看到了活下去的希望：孩子这么小，都在坚强地伴我生活，我呢？当然是更应该承担起做妈妈的责任，积极向上，努力活着。

失意的情绪是折磨人的，如低落、痛苦、沮丧。稍有不慎，我们就会被这样的情绪牵着鼻子走，在失意的情绪中自暴自弃，绝望地把自己的生命往悬崖上推，最后毁灭自己。当我们遭遇失败，产生失意的情绪是难以避免的，但是，假如我们只是沉浸其中，甚至被其蒙蔽了双眼，那失意就会如影伴随。假如我们换个角度，或者看看周围，努力摆脱这种负面情绪的困扰，那我们最终会成为一个得意者。

活在世界上的每个人，都会经历不同程度的困境。困境是生命过程中的一部分，因困境产生的失意情绪也是不可避免的，在失意中沉沦还是在失意中崛起，全在我们自己是否心中时刻充满着希望。所以，当困难与挫折来临的时候，应平静面对，不要被失意的情绪蒙蔽了双眼，积极乐观地去处理，只要我们心中怀着希望，那就有了战胜困难的勇气。

放手的那一刻，你会拥有整个世界

在生活中，总是有着这样那样的诱惑，它们引诱着你，撕破你心中最后一道防线，让你痴迷其中，不可自拔。有人为功名利禄穷其一生，有人为荣华富贵而吞噬了良心，有人为追求个人幸福而变得自私恶毒。那些致命的诱惑就像是一杯毒酒，小口小口地啜饮，深入骨髓，在痛苦中逐渐丢失了自己。那就如同一条错误的道路，越滑越远，直至悬崖深谷处。这时候依然有人不知悔悟，始终怀抱着自己手中的权力、金钱、物质、名誉等。实际上，这时候如果撒手，完全可以重生，可以让我们避免失去更多的东西。

但是，在现实生活中，许多人贪恋着金钱带来的虚荣，权力带来的刺激，他们沉浸在欢淫中，踏上了一条不归路。于是，有人为此出卖了良心，有人丢掉了自尊，甚至有人付出了生命的代价。这样的一群人，即便是到了悬崖边，他们也舍不得撒手将手里的东西丢弃，最终他们所收获的将是最痛苦的人生。

河北省国税局原局长李真，被判处死刑前，有记者对他进行专访。

当记者问及关于精神支柱彻底坍塌后成了什么样子时，李真说：“我进来之前，也就是听闻上面要查我时，就想把一个箱子里的钱转移到香港，但一看箱子里的钱不满，我就通过朋友通知一个工程承包商说：‘让他先送来50万元人民币，等工程合同签完后，再从里面扣，否则我就要把工程承包给别人。’那个老板把钱送来后，填满了这个箱子，我就把多余的钱放在了另一个箱子里。”当记者追问：“要是不进来，会不会再把那个箱子的钱弄满？”李真说：“也许会的，人的欲望就是这样无度。”

他告诉大家一个道理：权力与金钱相结合，会孵化出许多害人的毒蛇。权力能获得金钱，金钱能买来纸醉金迷，却买不来尊严和自由。贪婪地追求金钱，不择手段去获取，无异于一砖一砖地给自己建造监狱。

这就是人的欲望，对物质、金钱超强的占有欲望，明知道自己在劫难逃，也要贪最后一把，结果呢？无止境的欲望吞噬了自己。濒临悬崖，他是否想过会撒手？当然没有，正如记者问他：“要是不进来，会不会再把那个箱子的钱弄满？”他的回答是肯定的。其实，站在悬崖深谷边，假如有一念的想放手，他依然有改过自新的机会，遗憾的是，他从来没想过撒手，因为看不开，在他眼里，金钱就是绝对的至高无上。因为贪得无厌，最终把自己送进了亲手建造的监狱里。

据说，在草原上，有一种动物叫做秃鹫，它是一种大鸟，驰骋于蓝天与白云之间，肆意展现着自己的勇猛和威武。但是，却有不少人让它成为自己手中的玩物，从天上到地上，无奈地等待死去，这是一个怎么样的过程。有人把装有沙子的动物的肠子丢在野外让秃鹫去叼，然后在后面追赶秃鹫，因为秃鹫不愿意放弃肠子，只能拖着装有沙子的肠子在草地上跑，这样，人就很容易捉住了秃鹫。也许，你会觉得好笑，秃鹫完全可以弃食而逃，为何偏偏陷入了人类的陷阱呢？但是，你发现没有，有时候，我们也成了那只秃鹫，坚持不放弃手中的东西，最终坠入深谷。

古时候，有一个聪明的年轻人，很想在所有方面都比他身边的人强，他特别想成为一个大学问家。

几年过去了，这个年轻人的很多方面都超出了身边的人，唯独学业却没有长进，远不如人。为此，他很苦恼，就去向一个大师求教。大师说："我们登山吧，到山顶你就知道该如何做了。"

在通往山顶的路上有很多可爱的小石头，人见人爱。年轻人每见到自己喜欢的石头，大师就让他装进袋子里。很快，石头装满了所有的袋子，年轻人受不了，他说："背着这些石头上山，别说到山顶了，恐怕连半山腰也到不了。”

大师微微一笑，说：“是呀，那该怎么办呢？”年轻人疑惑地看着大师，这时大师说：“该撒手就撒手吧，背着很多石头怎么能登山呢？”年轻人一听，忽觉心中一亮，扔掉了所有石头，向大师道谢之后就走了。之后，他一心做学问，进步飞快。

假如所负重的东西已经超越了承受范围，那不妨撒手吧，这样还可以给自己一个重新开始的机会。不管是欲望还是其他的东西，我们都要学会舍弃一些应该舍弃的东西，该撒手时就撒手，这样我们的人生才有另一种可能。

面对人生逆境，走出人生低谷

人生道路上，风和日丽的日子会有，风风雨雨的日子同样也会有。而有些人在遭遇挫折和逆境的时候，总是怨天尤人，一蹶不振，给自己的心灵蒙上一道阴影，看不见阳光。只有凡事看开一点，在逆境中常常给自己的心灵除尘，才能以坦然的心面对逆境，这样即使在逆境中的你也能生活得轻松、快乐。

普劳图斯说：“泰然自若是应付逆境的最好办法。”面对逆境，我们要看得开。其实，生活依旧美好，只是你没发现。

有个残疾人来到天堂找到上帝，一见到上帝，他便抱怨上帝为什么没给他一副健全的体格，没有正常人活动得轻松自如。而上帝只是笑了笑，什么也没说，就带他去看了一位朋友，而这个朋友刚去世不久，才升入天堂，他感慨地对这个残疾人说："看开点吧，朋友，至少你还活着。"

后来，一个官场失意被排挤下来的人找到上帝，抱怨上帝为什么没给他高官厚禄，没能让他在官场步步高升，而这时上帝就把那位残疾人介绍给他认识，残疾人对他说："看开点吧，朋友，至少你的身体还是健全的。"

再后来，一个年轻人找到上帝，抱怨上帝没让自己受到人们的重视和尊重，离成功的路还很远，上帝把那位官场失意的人介绍给他，那人于是便对年轻人说："看开点吧，至少你还年轻，前面的路还很长。"

逆境，并不代表你失去了全世界，你应该想到，你拥有的还有很多，你还有快乐的资本，奋斗的决心，无坚不摧的意志。

在逆境中是否看得开，会有不同的人生结果。看不开的人只能在逆境中沉沦，心灵也得不到释放和解脱。看得开、放得下的人才能以一副好心态走出逆境，赢取成功。

被称为"东方鸿儒"的季羡林在回忆自己的童年时说："眼前没有红，没有绿，是一片灰黄。当自己长到四五岁的时候，对门的宁大婶和宁大姑，每到夏秋收割庄稼的时候，总带我去很远的地方，到别人割过庄稼的地里去拾麦子或者豆子、谷子。一天辛勤之余，可以拣到一小篮麦穗或者谷穗。有一年夏天，大概我拾的麦穗比较多，母亲把麦粒磨成粉，做了一锅面饼子，我大概吃出味道来，吃完了饭以后，我又偷吃了一块，让母亲看见了，她赶着要打我。我当时浑身一丝不挂，就逃到房后，往水坑里一跳，母亲没有办法来捉我，我就在水中把白面饼吃光。”他又说，“现在写这些还有什么意思！但它使我终身受用。有时能激励我前进，有时能鼓舞我振作。”

这不仅是他童年的心态，也是他在人生困境中的心态，一块面饼子的快乐让一个农村孩子成为文学领域的领军人物，这就是一份看得开的心境。

每个渴望成功的人都会经历常人无法经历的困难和逆境，而在逆境中放下心灵的包袱，成功才会一直伴着他们前进。

施利华，是商界上拥有亿万资产的风云领头人物。1997年的一次金融危机使他破产了，面对失败，他只说了一句：“好哇！又可以从头再来了！”他从容地走进街头小贩的行列叫卖三明治。几年后，施利华靠三明治实现了东山再起的梦想。

很多人在听到自己破产的那一刻，一定是伤心欲绝，可是，施利华积极面对，他给自己鼓起从头再来的勇气。其实所有一切都可以重新再来，不过前提是先让自己放下心灵的负担，微笑面对，看开逆境，才会有希望，才可以再继续努力地奋斗，才会在黑路上有一盏指引我们前进的明灯。

路德维希·凡·贝多芬，德国伟大的音乐家之一。他出身于德国波恩的平民家庭，虽遭到诸多不幸与痛苦，可是他有不屈不挠的精神，以及积极向上的进取心。他从小学习音乐，早年曾向海顿与阿布雷治克学习理论作曲，奠定了作曲技巧的深厚基础，终成一代巨匠。

26岁时，他开始耳聋，晚年全聋，只能通过谈话册与人交谈。但孤寂的生活并没有使他沉默和隐退，他在一切进步思想都遭禁止的封建复辟年代里，依然坚守“自由、平等”的政治信念，对世界音乐的发展有着举足轻重的作用，被尊称为“乐圣”。他没有因为耳朵聋了而放弃音乐，没有因为自己是贫民出身就什么都不敢尝试，他很乐观，他用微笑把一切阻挡他的挫折都给打退了。

贝多芬一生与苦难命运搏斗，永不低头，在逆境中乐观向上，在作品中也融入不少前人不曾想象的深刻感情，处处充满了自信。他的这种精神伴他走向了音乐界的圣殿。

人生就像一次旅行，途中必然会有平坦好走的路，也有荆棘密布的丛林。而丛林就好比人生中的逆境，真正懂得旅行乐趣的人认为旅行的乐趣在于克服那些途中的困难，在于到达别人所不易到达的地方，在于发现新的佳境。

那么对于人生中的逆境，你还有什么放不开的呢？给自己的心灵松绑，体验生活中的真谛。几乎可以说，逆境常有，人间的苦苦乐乐，我们都该把它看做理所当然。在逆境中我们要看得开，让自己的心灵经常放放风，把心态放轻松一些。多往开处想想，没有必要与自己过不去。放下是给自己的心灵松绑，放下才不会为逆境所累。

第2章　凡事不较真，随缘而任运

玩过镜子的人大概都知道这样一个道理，虽然平时用的镜子很平，但若是在高度放大镜下，这块很平的镜子也会变成凹凸不平的“山峦”；生活中那些用肉眼看起来很干净的东西，当你放在显微镜下面的时候，所看到的却都是细菌。假如我们总是带着“放大镜”生活，那估计生活中较真的事儿就太多了。何必较真呢，人生很长，计较很忙。

别太较真，是做人处事的一种态度

在很多时候，过分较真其实是为难自己，这并不是一个好品质。它就像是一个魔咒，一点点地禁锢着我们的身心，似乎我们不朝着之前的方向继续下去就对不起良心。较真，本身并不是一个贬义词，但凡事都会有一定的限度，“较真”也是一样。若是不顾一切地执着，太较真则会不自觉地将自己的身心束缚，我们总是放不下，总是不愿意放弃，只是固执地朝着一个方向前进，不管前面是康庄大道，还是死胡同，这样的坚持都是无谓的。如果我们最终闯入的不过是死胡同，这样较真的后果也是可悲的。虽然，对生活较真是一种坚定的信念；对工作较真，是一种精神寄托；对爱情较真，是一种人生的美丽。但若是应该放弃时不放手，就会使自己不堪负重而活得很累，甚至有可能走向另外一种悲惨的结局。

人生需要有信念，这样我们的生命才有前进的方向。但是，信念只有与自己合拍的时候，才能更好地发挥出引航员的作用。对此，在人生的路途中，我们要适时修葺自己的信念，让它与自己合拍，对于某些不切实际的想法，我们不应太较真，太执着，而应学会放弃，适时找到自己合适的人生信念，这样我们的生命才会更加绚丽灿烂。

王大爷年轻时是村里的干部，后来因为某些原因，他被迫离职了。离职的时候，他已经快50岁了，在那一瞬间，他觉得生活好像没有了希望，他一直不肯承认自己竟然变成了跟隔壁大婶一样的百姓，他觉得自己还是支部书记。当然，他将这种执着的心态放在心里，他经常会去政府部门与上级领导说话，说自己的苦闷，说自己的无所事事，说自己的孩子上学没学费，希望领导能给自己解决。领导无奈："你现在已经离职了，不是干部了，这些事情你自己能解决的就自己解决，自己不能解决的，就找你们村里的干部。"王大爷固执地说："我不相信他们，我只相信我自己当干部的能力。"王大爷每次都去政府闹，刚开始大家还看在他是老干部的份上跟他聊聊，但时间长了，大家都清楚了他的脾气，晓得他很较真，就能躲就躲，能避开就避开。

在平时生活中，王大爷总是对自己被迫离职的事情耿耿于怀，十分较真，他在家里动不动就说："如果我现在还是村里的干部，那村里现在肯定不是这样子。"家里人都开始厌烦他的唠叨了，老伴没好气地说："你在执着什么？你现在已经是平民百姓了，就应该是百姓的样子，有什么放不下的，有什么解不开的心结？简直是自己折磨自己。"其实，王大爷确实陷入了一个怪圈，他越是执着于自己被迫离职的事情，他就越是痛苦，想想之前的辉煌日子，想想现在平凡的自己，越想越不是滋味，整日无所事事，搞得自己身心疲惫。

王大爷所放不下的是内心的较真，而不是其他，因此他总是觉得过得很痛苦。如果他真的放下了较真的心理，以正常的心态回归到一个平民老头的身份，他会觉得生活依然充满着阳光。有些事情既然已经发生了，毫无回旋的余地了，那我们就要学会接受，而不是太过于执着，过分执着只会让自己更加疲惫，不如放松身心，给自己一个舒适的心灵环境。

一个人活着，要有信念，但不能过分执着，不能与生命较真，不妨学会顺其自然，对生命中的意外和阻挠不必过于强求，也许，这样能阻止自己生命的脚步过快地到达终点。人的一生就好像花开花落，周而复始，没有什么花是永远不凋谢的，对待上天的安排，我们应该顺其自然，千万不能太过于执着。太较真是一种疼痛、一种心魔，它不断侵蚀我们内心简单的快乐，最后，我们只能满身疲惫地倒下。

如果我们希望与别人合作，自己已经明确地表达清楚了意图，但对方却毫无回应，在这样的情况下，与其继续留下来攻坚，把时间花在啃掉这块硬骨头上，不如转身离去，把精力用来寻找新的目标。每个人做事都有自己的理由，放弃攻坚是对别人的尊重，这是一种明智的选择。大量事实表明，第一次不能成功的事情，以后成功的概率也是很小的，纠缠下去只会惹人厌烦，这样并没有太大的意思，与其把80%的精力耗在20%的希望上，不如以20%的精力去寻找新的目标，说不定还有80%的希望。

太较真，就是跟自己过不去

处于复杂的社会中，难免会有麻烦事来打扰你，令你伤神。那些善待自己的人，凡事用一颗宽广的心囊括，而不是斤斤计较，争个谁是谁非。

生活中的很多事都需要我们一笑了之。你完全没有必要与原本与你无仇无怨的人瞪着眼睛较劲。假如较起真来，事态严重了的话，万一酿出个什么严重后果来，那就太划不来了。很多事情之所以产生严重的后果，就是因为逞一时之勇，爱较真。触犯你的人不可能无缘无故触犯你，假如我们能设身处地的从别人的角度考虑问题，那么很多矛盾就会自解了。

老王总是抱怨他们家附近超市的售货员态度不好，像谁欠了她巨款似的。后来他的妻子打听到了女售货员的身世，她丈夫有外遇，和她离了婚，老母瘫痪在床，上小学的女儿患哮喘病，女售货员每月只能开四五百元工资，一家人住在一间15平方米的平房里。难怪她一天到晚愁眉不展。老王从此再不计较她的态度了，甚至还建议街坊邻居都帮她一把，为她做些力所能及的事。后来这个售货员家的情况在街坊的帮忙下改善一些后，总是笑脸迎人。这就达到了“双赢”效果。

在公共场所遇到不顺心的事，实在不值得过度较真生气。假如你能放下这种较真的坏脾气，对方也会被你的气度折服。家庭生活中也是，只要你放下自己的坏情绪，凡事不太较真，细心听他（她）的唠叨，你会发现他（她）真的很辛苦。生活中的很多麻烦也就“化干戈为玉帛”了。有这样一个经典的吵架案例：

一对年轻夫妻中的太太哭着跟朋友说：“你快来！我恨他！我要和他离婚！”当她朋友快速赶到他们家，正吵得凶。

丈夫说：“她很无聊，我上班好累，她说晚上要去散步，我说改天，她就又哭又闹，真是讨厌！”

妻子说：“你才讨厌，我在家作牛作马为这个家打扫，为你做饭为你生孩子，只要求散个步你就会累死啦！？”

妻子说：“哼！早知道生了小孩你不管，我根本就不生，我们女人为何辛苦生下孩子，就一定要负责孩子的一切，又不能出去工作。”

丈夫说：“喂！生孩子又不是你一人能办到，没有我你生什么。”

妻子说：“哼！你有何贡献？”

丈夫说：“哼！没有我的贡献，你生什么？”

妻子说：“哈哈！你贡献了，好那看看我们女人的贡献：我怀孕要忍耐呕吐、我要小心饮食、我连生病都不敢吃药、我要为肚里孩子注意一切、我怀孕行动不便、我不再能远行郊游、我坐车都不方便、我要穿上大肚装、我要担心肚里孩子是否健康、我要定时去医院产检、我怀孕要破坏身材 、我要烦恼妊娠纹的出现 、生产后要努力恢复身材使丈夫不嫌弃 、我要忍受疼痛 、我要痛苦生产、我也许需要剖腹生产、我也许会有产后忧郁症、我要带初生婴儿。”

他沉默了。

妻子接着说：“我要照顾小孩生活起居，我要比小孩晚睡而比小孩早起，我要半夜起床喂奶，我还要忙一切家事，我要放弃事业，我伸手要钱要看丈夫脸色，丈夫出门享乐而我得在家带小孩，甚至走样的身材是丈夫外遇的借口，这种种一切就是我的贡献！”

这场架吵完了， 想一想，好像事实真是如此。 他什么都没说，只是将妻子抱了抱，对她说：“对不起，我没有考虑到你的感受，我会加倍爱你。”

他是个大度的男人，听了妻子的话，他发现自己的妻子真的很辛苦。而他以前忽略了这一点，所以，当妻子对他发了一连串的“攻击”以后，他没有较真，而是选择了沉默和一个歉意的拥抱。

面对生活中的令你不如意的事，多从另外一方的角度考虑问题，就能让自己心平气和地面对，就不会较真地把事情扩大化。因此，生活中要避免不良情绪的发展，遇到不好的事，要换个方法、变个方式思考，学会自我调控情绪，你将大有收获。

不较真、能容人的人，都是懂得放下的人。对某些问题太过执着，斤斤计较，受伤的只能是自己。

做人能从对方的角度设身处地地考虑和处理问题，多一些体谅和理解，那么我们的生活中就会多一些友谊，少一些敌人。你的人生之路也会越走越宽广。

要想成功，就别太在乎面子

古代人常说“有辱斯文”，意指自己丢了面子，而现代人更是提出了“人活一张脸，树活一层皮”的惊人言论。古往今来，面子似乎成为了一种国民性的东西。其实，爱面子更是一种人的天性。每个人活在这个世界上，都渴望能够得到别人的尊重，都希望自己在别人面前能有面子。在生活中，许多人为了满足虚荣心，不惜一切代价要个面子，其实不知道这就是给自己带上假面具，套上枷锁，活得很不真实，也让自己觉得累。面子固然重要，不过完全没必要为了没意义的面子让自己受苦遭罪，顺其自然才是最可贵的。对于我们而言，面子这个东西不能全丢，也不能看得太重，需要看什么样的事情来处理面子这个问题。什么面子都不顾，可能会众叛亲离。太在意自己的面子是一种较真，一种固执，人生在世，大不必为了面子让自己活得那么累。所以，请丢掉为了面子的固执吧。

惠心禅师做小沙弥时，皇帝赏赐不少，惠心托人送给母亲，以表孝心。不久，母亲写信来说："你给我的东西，是皇上的赏赐，我当然十分喜欢。但我当初送你学道为僧，是希望你做一个有修为的禅人，并不希望你一生都在名利场中生活。如果只好世间的虚荣，就是违背了我的心愿。希望你记住什么叫做'真参实学'。"

惠心沙弥收到这封信后，从此立志要做一个真正弘法度众的宗教家，效法《华严经》中的提示，但愿众生得离苦，不为自己求安乐。

面子是表面的，并没有什么实际的内容，死要面子就是虚荣心的表现。在对待面子的这个问题上，我们一定要学会放下，面子既不能不要，也不能死要面子，让自己活受罪。否则，自认为要了面子，而其实往往就是丢了面子，丢了面子还算是小事情，问题是让自己白白吃了哑巴亏就太不划算了。

王先生是一个注重面子的人，但聪明的他却懂得在必要时丢掉要面子的坚持与固执。

有天早上，他办公室的电话铃响了，一个人急躁不安地在电话里通知他，王先生给他的工厂运去的一车木材都不合格，他们已停止卸货，要求王先生立即把货从他们的货场运回去。原来在木材卸下四分之一时，他们的木材审察员报告说这批木材低于标准50%，鉴于这种情况，他们拒绝接受木材。王先生立刻动身向那家工厂赶去，一路上想着怎样才能最妥当地应付这种局面。通常，在这种情况下他一定会找来判别木材档次的标准规格据理力争，根据自己作了多年木材审察员的经验与知识，力图使对方相信这些木材达到了标准，错的是对方。然而，假如先撇开自己的面子问题，先认同对方的说法，把面子给对方，是不是会好说话一点呢？

王先生赶到场地，看见对方的采购员和审察员一副揶揄神态，摆开架势准备吵架。王先生陪他们一起走到卸了一部分货的货车旁，询问他们是否可以继续卸货，这样王先生可以看一下情况到底怎样。王先生还让审察员像刚才那样把要退的木材堆在一边，把好的堆在另一边。

看了一会儿王先生就发现，对方审察得过分严格，判错了标准。因为这种木材是白松。而审察员对硬木很内行，却不懂白松木。白松木恰好是王先生的专长。不过王先生一点也没有反对他的木材分类方式。王先生一边观察，一边问几个问题。王先生提问时显得非常友好，并告诉他说他们完全有权把不合格的木材挑出来。这样一来审察员变得热情起来，他们之间的紧张开始消除。渐渐地，审察员整个态度变了，他终于承认自己对白松毫无经验，开始对每一块木料重新审察并虚心征求王先生的看法。

虽然看上去王先生失去了面子，但却赚了一笔生意，这就是不较真、不固执的好处。俗话说："人争一口气，佛争一炷香。"在中国人的眼里，面子这个东西是非常重要的，它总是与一个人的人格、自尊、荣誉、威信、影响、体面等联系在一起。如果一个人的面子受到损害，他就会下不来台，就会生气。因为爱面子，也怕丢面子，所以有些人总是千方百计地维护自己的面子，而正是在这一过程当中，他们失去了许多更加有价值的东西。

面子是表面的，是虚浮的，要面子就是虚荣的表现。里子是深层的，是实实在在的。面子华而不实，里子却是表里如一。里子真实的人，虽然没有外表的美，却有内心美，最终会得到人们的理解和尊重，一个人假如没有灵魂，那么这个躯壳还有什么用。

生活无大事，人生无小事

戴尔·卡耐基曾说："许多人都有为小事斤斤计较的毛病。人活在世上只有短短几十年，却浪费了很多时间，去愁一些一年内就会被忘掉的小事。"在现实生活中，人们经常会为一些小事而烦恼，但事实上，这些烦恼都是我们自找的。一个内心浮躁的人往往倾向于自寻烦恼，在很多时候，他们忘记了甜蜜的爱情、美好的生活，而紧紧抓住一些芝麻绿豆大小的事情而烦恼。切记，不要让小事情成为人生的主旋律。

虽然，烦恼是我们每个人都避免不了的，但如果我们总是自寻烦恼，就连小小的事情也不放过，那么烦恼就会成为我们生活的一部分，你甩也甩不掉。许多人的烦恼都是自找的，本来没有烦恼的，或者说原本没有理由烦恼，但由于内心的浮躁，不自觉地就把一些小事当作烦恼的根源，最后，陷入痛苦的漩涡。对此，不要让小事情成为你人生的主旋律，因为生命太短暂了，千万不要为小事而烦恼。

罗勒·摩尔曾经历了这样一件事情，从这以后，他发誓再也不为小事而烦恼了。在他加入海军之前，他是一个银行的职员。他曾经为了很多小事而烦恼：比如工作时间长、薪水太少，没有多少机会升迁，没有办法买自己的房子，没有钱买辆新车。那时候，他记得自己每晚回家的时候，总是感到非常疲倦和难过，经常与妻子因为一点芝麻小事而吵架，他还为自己额头上的一块小伤疤而烦恼过。

在参加海军后，他与队员经常会驾着潜艇出海巡逻。有一次，他们的雷达发现了一支日本舰队向他们开来，于是，他们向其中的一艘驱逐舰发射了三枚鱼雷，但遗憾的是都没击中，正当他们准备攻击另一艘布雷舰的时候，它却突然掉头向潜艇开来。为了躲避攻击，他们潜到了150英尺（1英尺=0.3048米）深的地方，为了保持安静，他们关闭了所有的电扇、冷却系统和发动机器。

几分钟后，几枚炸弹在他们四周爆炸，而且，这样的攻击连续了15个小时。队友们躺在床上，保持镇定，其实，摩尔已经吓得不敢呼吸了，他想："这次完蛋了。"由于关闭了电扇，潜艇内温度升到了40度，但摩尔却感觉全身发冷，穿上了毛衣依然全身发抖。在15个小时的攻击过程里，摩尔想到了很多事情，自己过去的一切都浮现在眼前，他想到了自己所干过的坏事，还有那些他曾烦恼的事情。

这么多年以来，摩尔始终觉得自己曾烦恼的事情都是大事，但自己感觉快死掉的时候，这些事情看起来是多么荒唐、渺小。摩尔意识到了自己的错误，他向自己发誓：如果还有机会见到太阳和星星的话，就永远不会再为小事而烦恼。

人们常常会为了很小的事情而烦恼，但是，一旦自己的性命受到了威胁，他会想到，自己曾经烦恼的那些事情根本就不值一提，只有活着才是最重要的。摩尔在过去的那么多年里，都没有明白的道理，却在一次意外事故中明白了。或许，对我们来说，付出如此的代价去明白一个道理实在有些冒险。那么，不妨放下自己心中的忧虑，别为小事而烦恼，不要让小事充斥我们的人生。

有一个人夜里做了个梦，在梦中，他看到一位头戴白帽，脚穿白鞋，腰佩黑剑的壮士，向他大声责备，并向他的脸上吐口水，吓得他从梦中惊醒过来。次日，他闷闷不乐地对朋友说："我自小到大从未受过别人的侮辱，但昨夜梦里却被人辱骂并吐了口水，我心有不甘，一定要找出这个人来，否则我将一死了之。"于是，他每天一早起来，便站在人潮熙攘的十字路口，寻找梦中的敌人。几星期过去了，他仍然找不到这个人。结果，他自刎而死。

生活中，我们不曾被大石头绊倒，却常常因为小石头而摔跤。我们经常会为没钱买房子，没钱买车，没钱给自己买好看的衣服，甚至会因为一点点小事跟家人吵架。

卡耐基曾告诉人们一个心理法则："生命太短暂了，不要再为小事而烦恼了。对必然的事情的承受，就像杨柳承受风雨，水接受一切容器一样；当你开始为那些已经过去的事烦恼的时候，你应该想到这个谚语：不要为打翻了的牛奶而哭泣；当我们害怕被闪电击倒，怕所坐的火车翻车时，想一想发生的概率，会把我们笑死；要懂得闲暇时抓紧，繁忙时偷闲；如果我们以生活来支付烦恼的代价，支付太多的话，我们就是傻瓜。”这些法则可以令我们轻松地卸下心中的包袱，从而变得快乐起来。

懂得转弯，是人生的大智慧

在法国有一位名叫奥立昂的老人，他从20岁起就决心做一名画家，他一直勤奋地画呀画呀，几十年如一日，不过他的画却无人问津。终于，40年过去了，在他画了第9998张画以后，他卖出了平生第一张画。

看到这个故事，我们是应该欣赏他的执着，还是叹息他的较真和固执呢？花去人生那么多的时间，却在挖掘自己不擅长的一方面，最终的结果是可想而知的。人生就是一段旅途，当发现前方已经是一条死胡同，我们就要学会转弯。转弯并不是逃避，当你这件事情失败了，那可以改做别的，这并不是说这个人没有毅力。正所谓天生我材必有用，东方不亮西方亮。闯入死胡同并不可怕，可怕的是你一直跟自己较真，转弯是为了寻找更好的道路以便前行，而并不是逃避。

张文举从小就有当作家的理想，为此，他十年如一日地努力着，坚持每天写作500字，一篇文章完成之后，他修改了又修改，然后满怀希望地寄往远方的报纸杂志。但是，多年的努力，他从没有看到只言片语变成铅字，甚至连一封退稿信也没有收到过。29岁那年，他总算收到了第一封退稿信。那是一位他一直坚持投稿的刊物的总编寄来的，总编写到："看得出，你是一个很努力的青年，但我不得不遗憾地告诉你，你的知识面过于狭窄，生活经历也显得相对苍白，但我从你多年的来稿中发现，你的钢笔字越来越出色。"

现在，许多人知道张文举是有名的硬笔书法家。当记者们去采访他，提的最多的问题就是："您认为一个人走向成功，最重要的条件是什么？"张文举回答说："一个人是否成功，理想很重要，勇气很重要，毅力很重要，但更重要的是人生路上要懂得舍弃，更要懂得转弯！"

人生处处有死角，因此要懂得转弯。有的人太固执，太较真，他们是不见棺材不掉泪，不撞南墙不回头。在人生旅途中，这样的人总会多走一些弯路，最后也难以获得成功。为什么一定要看到悲惨的结局才放弃呢？在生活中，不要太较真，理智地放弃才是最聪明的做法，当我们发现前方已经无路可走，就要学会退却，选择另外一条路，不要等自己撞得头破血流才放弃，这是相当愚蠢的。

克里斯朵夫·李维以主演《超人》而蜚声国际影坛，但就在1995年5月，在一场激烈的马术比赛中，他意外坠马，成了一个高位截瘫者。当他从昏迷中苏醒过来时对大家说的第一句话就是："让我早日解脱吧。"出院后，为了让他散散心，舒缓肉体和精神的伤痛，家人推着轮椅上的他外出旅行。

有一次，汽车正穿行在蜿蜒曲折的盘山公路上，克里斯朵夫·李维静静地望着窗外，他发现，每当车子即将行驶到无路的关头时，路边都会出现一块交通指示牌：“前方转弯！”而转弯之后，前方照例又是柳暗花明，豁然开朗。山路弯弯，峰回路转，“前方转弯”几个大字一次次冲击着他的眼球，他恍然大悟：原来，不是路已到尽头，而是该转弯了。他冲着妻子大喊：“我要回去，我还有路要走。”

从此，他以轮椅代步，当起了导演。他首次执导的影片就荣获了金马奖。他还用牙咬着笔，开始了艰难的写作。他的第一部书《依然是我》一问世，就进入了畅销书排行榜。同时，他创立了一所瘫痪病人教育资源中心，还四处奔走为残疾人的福利事业筹募善款。

美国《时代周刊》曾以《十年来，他依然是超人》为题报道了克里斯朵夫·李维的事迹。在文章中，李维回顾他的心路历程时说：原来，不幸降临时，并不是路已到尽头，而是在提醒你该转弯了。

如果克里斯朵夫·李维以“让我早日解脱”的信念生活，那估计他的余生会在抑郁中了结，这个世界上也就又缺少了一个好演员。当然，这只是如果，就好像克里斯朵夫·李维自己所说：“原来，当不幸降临时，并不是路已到尽头，而是在提醒你该转弯了。”当前面已经是死胡同了，为什么不选择退一步，给自己找一个休憩的地方呢？当重新燃起了信念之火，那我们又可以开辟一条新的道路出来。

康多莉扎·赖斯，出生于1954年11月14日。小时候就有“神童”之誉的她，从小就跟着当小学音乐教师的母亲弹钢琴，4岁时就开了第一个独奏音乐会。她不但学习成绩极其出色，跳了两次级，而且还把网球和花样滑冰玩得特别出色。16岁时，进入丹佛大学音乐学院学习钢琴，她梦想成为职业钢琴家。她在音乐方面独具的天赋和他人难以企及的家学，似乎没有人能够轻易地否认，大家都相信过不了几年她就会成为乐坛翘楚。

可是，出人意料的是，她打起了“退堂鼓”，开始了崭新梦想的破冰之旅。原来在著名的阿斯本音乐节上，她受到了打击。“我碰到了一些11岁的孩子们，他们只看一眼就能演奏那些我要练一年才能弹好的曲子。”她说，“我想我不可能有在卡耐基大厅演奏的那一天了。”于是，她开始重新设计自己的未来并发现了新的目标——国际政治。“这一课程拨动了我的心弦，”她说，“这就像恋爱一样……我无法解释，但它的确吸引着我。”她从此转而学习政治学和俄语，并找到了她一生追求的事业。

赖斯并没有追随儿时的梦想成为一名钢琴家，而是在大家都看好的情况下选择了“退却”，并开始了崭新梦想的破冰之旅。她发现了自己再坚持下去，难以取得超越别人的成就，所以，她果断地选择了放弃，不再固执。在一阵休憩之后，她重新设计了自己的未来，果然，她似乎更适合于从政。如果不是当初决然地舍弃，那么就不会成为现在这样出色的政治家了。

事实证明，善于放弃的人是聪明的，而懂得转弯，更是明智的，也是最有可能成功的。

第3章　守得住繁华，才会赢得成功

生活中，在与人共处时，我们在扮演着不同的身份。有的人宁愿面对别人，也不愿单独面对自己。其实，耐得住寂寞、经得住诱惑的人才是最自由的。因为内心淡然，他们懂得怎样去开发自己生活的快乐源泉，懂得在忙碌之余给自己安排一片只属于自己的天地。曾有人说，即使我们做不了一个伟大的人，也要拥有一颗伟大的心。现代社会中的我们，也应该拥有这一饱经世事的心态，这样才可能心境平和、淡泊自然。做到了宠辱不惊、去留无意，方能心态平和，恬然自得，方能达观进取，笑看人生！

独处，是一种难得的修为

我们都知道，人是一种社会性的动物，我们需要与人交往，需要爱与被爱，否则就无法生存。世上没有一个人能够忍受绝对的孤独。但是，绝对不能忍受孤独的人却是一个灵魂空虚的人。某位诗人说过：“爱你的寂寞，负担它以悠扬的怨诉给你引来的痛苦。”而事实上，我们可能没有认识到的一点是，这种因寂寞而引发的痛苦却恰恰是我们最应该珍视的礼物。当我们独处的时候，我们虽然陷入了孤立的境地，但却正因为如此，我们才有机会静下心来思索自己的人生，才有机会聆听自己内心的声音。

挪威航海家弗里德持乔夫·南森说："人生的第一大事是发现自己，因此，人们必须不时孤独和沉思。"是啊，学会适时独处，你才会发现真正的自我。学会聆听自己的心声，你才能更加从容地上路。

夜幕降临，喧闹的城市也已经安静下来了。

林先生和所有的城市白领一样，在忙完一天后，他准备回家，但心情郁闷的他还是决定去呼吸一下新鲜空气。今天，他和上司吵架了，他们在下半年的年度计划安排上产生了很大的分歧，上司批评了他，他在考虑要不要辞职的事。

他把车停在了护城河边上，接下来，他打开了自己喜欢的轻音乐，然后靠在了椅背上，他觉得自己好累。在这家公司工作五年了，五年来，他一直很努力，但不知道为什么他好像总是得不到上司的肯定，也一直没有得到升职的机会。可以说，他在这家公司一直工作得不开心，这到底是自己的原因还是因为没有得到肯定呢？

他反复思考着这个问题。最终，他发现，原来自己根本不喜欢这份工作，他一直倾向于设计类的工作，从大学开始，这就是他的职业理想，但毕业后的他却因为生计问题选择了现在的工作。

想通了以后，他轻松了很多。第二天，他将辞呈递上了上司的办公桌，然后离开了公司，这让很多同事感到愕然，但内里原因只有他自己知道。

这则案例中，林先生为什么做出辞职这个重大决定？因为他静下心来发现，自己的职业理想并不是现在的工作。这就是独处的力量！

的确，我们不是在喧嚷中认识自己，也不是在人群之中认识自己，而恰恰是在寂寞的时刻认识自己，于独居的时刻认识自己，犹如深夜的月光洒落在纯净无瑕的窗户之上。任何一个拥有自我的人，都能做到静静地倾听自己内心的声音，以此认识到自己不为人知的另一面，这一面或许是为人处世中的不足与优势，或许是某种特长等，但无论是哪一方面，只要我们能及时探究出，就有利于自身的发展。

闹市中的人们是听不到自己的心底的声音的，然而，我们不难发现的一点是，我们生活的周围，一些人却把命运交付在别人手上，或者人云亦云，盲目跟风，他们忽视了自己的内在潜力，看不到自身的强大力量，甚至不知道自己到底需要什么，不知道未来的路在哪里，于是，他们浑浑噩噩地度过每一天，一直在从事自己不擅长的工作和事业，以至于一直无所成就。因此，我们要做到的是倾听自己内在的声音，寻找到属于自己的人生意义，然后勇往直前、坚持到底。

任何一个人，只有学会倾听自己内心真的声音，才可能不断挖掘出自身发展过程中不足的部分。面对激烈的竞争，面对瞬息万变的环境，那些不愿意反省自己或者不愿意及时改正错误的人，必将面临衰败的结局。同时，在快节奏的信息社会中，一个人如果不能及时察觉自身的缺点，不能用最快的速度修正自己的发展方向，也必然会在学业和事业中落伍，被无情的竞争所淘汰。

在独处时，我们能从人群和烦琐的事务中抽身出来，这时候，独自面对自己，开始理智与心灵的最本真的对话。诚然，与别人谈古论今、闲话家常能帮我们排遣内心的寂寞，但唯有与自己的心灵对话、感受自己的人生时，才会有真正的心灵感悟。和别人一起游山玩水，那只是旅游；唯有自己独自面对苍茫的群山和浩瀚的大海之时，才会真正感受到与大自然的沟通。

总之，学会和自己独处，心灵才能得到净化。独处是灵魂生长的必要空间，只有静下心来，才能回归自我。只有学会和自己独处，心灵才会洁净，心智才会成熟，心胸才会宽广。

要成功，就要忍受寂寞的人生

我们都知道，没有人能随随便便成功，自古以来许多卓有成就的人，大多是抱着不屈不挠的精神，忍耐枯燥与痛苦之后，从逆境中奋斗挣扎过来的。在人生的道路上，我们若想有所收获，就必须要耐得住寂寞。因为成功并不是一蹴而就的，需要我们耐心等候。

歌德说："人可以在社会中学习。然而，只有在孤独的时候，灵感才会不断涌现出来。"由此，我们可以看到的是，如果你今生想要有所建树，成就自我，那么，在孤独中坚守，在孤独中完善自我，走向成功，是必经之路。一个人，只有依靠自己的力量，脚踏实地、顽强拼搏，才有可能达到目标，实现梦想。

在电影界，华人导演李安可以说是家喻户晓，他执导的《理智与感情》被列入了"影史上伟大的100部英国电影"榜单。回望李安的成功，就好像一次生活的蜕变，但这个过程中，他付出了巨大的代价。内敛和害羞的李安曾说："我天生竞争性不强，碰到竞赛，我会退缩，跟我自己竞争没问题，要跟别人竞争，我很不自在，我没那个好胜心，这也是命，由不得我。"这个信命的男人，却以自己强韧的耐心完成一次生命的华丽蜕变，从一个普通的男人蜕变成为了响彻国际的大导演。

虽然，李安毕业时的作品《分界线》为他赢来了一些荣誉，但毕业之后，他没有找到一份与电影有关的工作，他只得赋闲在家，靠妻子微薄的薪水度日。那段日子算是李安的潜伏期，他为了缓解内心的愧疚，不仅每天在家里大量阅读、大量看片、埋头写剧本，而且还包揽了所有的家务，负责买菜、做饭、带孩子，将家里收拾得干干净净。他偶尔也会帮人家拍拍片子、看看器材，做点剪辑处理、剧务之类的杂事，甚至还有一次去纽约东村一栋很大的空屋子去帮人守夜看器材。在这段时间，他仔细研究了好莱坞电影的剧本结构和制作方式，试图将中国文化和美国文化有机地结合起来，创造一些全新的作品。

就这样，在拍摄第一部电影之前，他在家里当了六年的家庭主男，练就了一手好厨艺，就连丈母娘都夸奖："你这么会烧菜，我来投资给你开馆子好不好？"蛰伏了一段时间之后，李安出山了，他开始执导自己的第一部电影《推手》，紧接着，他内心对电影艺术的狂热就好像终于等到了机会发泄了出来，一部接着一部，部部片子都是经典，都为其成功奠定了扎实的基础。

就这样，李安完成了一次生命的华丽蜕变。

一个对电影怀抱着理想和希望的男子，却甘愿在家里做了六年的"煮夫"，这需要何等的耐心呢？就连李安自己也自嘲说："我想我如果有日本男人的气节的话，早该切腹自杀了。"在那段煎熬的日子里，他不断蛰伏着，就好像蝴蝶在蜕变之前所经历的一切环节，忍受着寂寞与孤独，忍受着枯燥和痛苦，但他终于以自己的耐心等来了那一天，终于，他成功了，虽然，蜕变的代价是巨大的，但他已经忍受了过来，现在的他，只需要轻轻地努力就可以采摘成功的果实，生活对于他，也从来都是公平的。

人们常说："拥有天下非富有，心灵充实才可贵。"真正内心强大的人往往是那些宁静致远、淡泊明志的人。在喧哗的外在环境下，他们依然能享受那一份属于自己的宁静，不为世事纷扰而忧心。然而，不得不承认的是，我们生活的周围，也有一些满腔抱负的人，但他们却耐不住寂寞，无论做什么事都三分钟热度，最终，他们只能一事无成。

总之，寂寞是不弃的伴侣，忍耐枯燥与寂寞是成功的必经之路。坚持到底是我们不断朝前奋进的动力，在这个过程中，就需要我们要有一颗耐得住寂寞的心。若享受不了寂寞，内心则无法宁静，就难以获得成功。

在不显山不露水中成功

生活中，人们常说："心急吃不了热豆腐。"这是指做事不要急于求成，要踏实做事。的确，总是想着成功的人，往往很难成功；太想赢的人，往往不容易赢。欲速则不达，凡事不能急于求成。相反，以淡定的心态对之、处之、行之，以坚持恒久的姿态努力攀登，努力进取，成功的概率就会大大增加。

我们都听过《揠苗助长》的故事：

从前，宋国有个农民，他做事总是追求速度。因此，对于田间的秧苗，他总觉得长得太慢，于是，闲来无事时，就会到田间转悠，然后看看秧苗长高了没有，但似乎秧苗的长势总是令他失望。用什么办法可以让苗长得快一些呢？他思索半天，终于找到一个他自认为很好的办法——把苗往高处拔拔，秧苗不就一下子长高了一大截吗？说干就干，他就动手把秧苗一棵一棵拔高。他从中午一直干到太阳落山，才拖着发麻的双腿往家走。一进家门，他一边捶腰，一边嚷嚷："哎哟，今天可把我给累坏了！"

他儿子忙问："爹，您今天干什么重活了，累成这样？"

农民洋洋自得地说："我帮田里的每棵秧苗都长高了一大截！"他儿子觉得很奇怪，拔腿就往田里跑。到田边一看，糟了！早拔的秧苗已经干枯，后拔的也叶儿发蔫，耷拉下来了。

揠苗助长，愚蠢之极！每一棵植物的成长都是需要一个过程的，需要我们每天辛勤地浇灌、耕耘等，才能获得成果。每一个生命的成长也如此，千万不要违背规律，急于求成。

其实，不光是这个农民，在现实生活中，这些急功近利者也不鲜见，他们凡事追求速度，以至于他们经常在做一件事时还没开始就结束了。急于求成，心态浮躁，往往不会注意做事的品质而常把最简单、最普通的事做砸，何况富有挑战性的大事呢？

事实上，任何一种本领的获得、一个人生目标的达成都不是一蹴而就的，而是需要一个艰苦历练与奋斗的过程，正所谓“宝剑锋从磨砺出，梅花香自苦寒来”，我们做任何事，都不能忘了踏实的原则。任何急功近利的做法都是愚蠢的，急于求成的结果，只能适得其反。俗话说：“强扭的瓜不甜，强求的事难成”，以淡定的心态面对，却往往会水到渠成。

有一对夫妻，小两口恩爱有加，很多人都羡慕。然而他们有一块心病，块垒般郁积心头，一直挥之不去：结婚五六年了，还一直没有属于自己的爱情结晶。小两口那个急呀！一有空就四处寻医问药，但几年过去了，肚子却不见有怀孕的迹象。更为严重的是，以前身体健壮如牛的妻子，竟然和各种莫名其妙的疾病结上了缘，开始是整天的肚痛，痛得常常出满身的虚汗，痛得常常在床上打滚，痛得常常大呼小叫、鬼哭狼嚎。于是，他们全家上下，求医问药，但都不见好转，连续的奔波，搞得他们身心俱疲。

父母流泪了，劝他们想开点；朋友们伤心了，劝他们顺其自然。小两口不表示拒绝，也不进行辩驳，均一笑了之。

有一天，小两口到医院打点滴，一个护士看着他们青一块紫一块的胳膊，还有胳膊上密密麻麻针头扎过的小红点，不禁落泪了：“顺其自然吧，是自己的别人抢不走，不是自己的莫强求……”

听着这温柔的、天使般的声音，小两口陷入了沉思：是啊，小护士和我们素不相识，她干吗要劝我们？还不是看到我们身心俱疲的样子产生悲悯之情了吗？顺其自然，是自己的别人抢不走，不是自己的莫强求……说得多好啊！

回到家，小两口像换了个人似地，把医院买来的各种中药、西药统统扔进了垃圾堆。小两口相视一笑，顿时浑身轻松。

一个周末，妻子翻翻日历，发现例假很久没来，然后拿出试纸，检测了下，发现居然怀孕了，小两口紧紧地相拥在一起，激动的泪水夺眶而出……

后来，丈夫向朋友叙说："真的，自从思想放松后，妻子的什么小烧不断、肌肉乱颤、大肠易激、夜间失眠，统统不治而愈。"他在叙述这一切的时候，我发现，他的脸色很平静，似乎在叙说一件与自己毫不相干的故事。

凡事顺其自然，确实至为重要。有些事情就是奇怪，你越努力渴求的，它越迟迟不来，让你等得心急火燎、烂额焦头。终于，你等得不耐烦了，它却又如从天降，给你个惊喜满怀。

孔子曰："无欲速，无见小利。欲速，则不达，见小利，则大事不成。"真正成大事者，都遵循自然的规律，遇事临危不乱、镇定自若，他们都有一份定力，这是一种有长远眼光的表现，只有凡事不急于求成，才能真正有所成就。

你的痛苦，在于永远不知足

中国人常说“知足就是常乐”。也许每个人都曾问过这样的问题，幸福到底是什么？大多数人也许认为，拥有名利地位、奢华的生活就是幸福。而实际上，幸福是简单的，有时候，夏日里的一丝凉风、冬日里的一件棉衣就是幸福。但无论如何，不懂得知足的人是无法感受到幸福的。

然而，现代社会中的人们，就如忙碌的蚂蚁一般，他们总是脚步匆匆，心事重重，他们为家庭和工作，年复一年，日复一日，像牛一样辛勤耕作，但到头来面色欠佳，疲惫不堪，成了“亚健康”患者。

有一个学者出门寻找世界上最快乐的人，他走了很远的路，问了沿途碰到的所有人，他们都说自己不快乐。

有一天，学者终于来到皇帝的宫殿，皇帝坐在用黄金做成的椅子上，他身后是一座藏有数不尽金银财宝的巨大宝库。学者问皇帝：“你一定是世界上最快乐的人了！”皇帝愁眉苦脸的对学者说：“怎么会呢？我每天要考虑所有国家大事，外敌正在入侵我的领土，我怕我的大臣起来谋反，我怕小偷偷走我的珠宝，我怕生病，我怕死亡……哎！我是世界上最不快乐的人！”

学者垂头丧气地从皇宫里走出来，顺着原路往家赶。经过一片荒野时，发现前边有人坐在一堆火旁边，一边唱歌，一边烤着什么东西，他走过去一看是一个乞丐，他奇怪地问道：“看样子你一定很快乐了？”乞丐答：“我捡到了半根香肠，晚上不用挨饿了！我现在是世界上最快乐的人！”

幸福不是获得更多的财富与地位，而是一种知足。懂得知足，就能懂得享受最为简单的幸福。

生活中，人们都有自己追求的目标，都希望能早日达成自己的目标，而一旦实现以后，人们常把放松的心情解释为幸福。好像事情越难做，成功后的幸福感就越强。不可否认，这种解脱，让我们感到真实的快乐，但事实上，它并不是真的幸福，而是“幸福的假象”，而正是对幸福的错误理解，导致了一些人在人生道路上不停地追逐，不懂知足，而最终，他们错过了很多沿途的风景。

然而，在现实生活中，我们发现，一些人，他们总是抱怨生活太苦，困难太多，命运太艰难等。其实，在短短的人生旅途中，人人都有所求，但没有人能够拥有世间的一切。人们所求各不相同，但万涓细流，终将汇聚成海，归根结蒂，他们所求的乃是快乐。世上没有比快乐更为人们所普遍追求的东西了。

懂得珍惜，最为可贵，善于知足，最为幸福。当一个人珍惜了生命，生命便会长久，当他珍惜了家人、朋友之间的情感，他便能在友善的交流中，获得快乐与更多的幸福。真正的幸福不是你每天得到了一些什么，而是每天你都能对自己拥有的一切怀抱着一颗满足、感恩、珍惜的心。如果我们能够保持着这种态度来对待生活中的每一天、每件事，那么，即使人生中有摆脱不了的悲苦、辛酸，我们也能让它们转化成有价值、有意义的事。

德国哲学家叔本华曾说过："我们很少想到自己拥有什么，却总是想着自己还缺少什么！不要感慨你失去或是尚未得到的事物，你应该珍惜你已经拥有的一切。"

那么，我们该如何体会满足的幸福呢？

1. 比较法

比如，当你认为房子不够大、你的车子不够豪华、你为买不起LV包包而焦躁时，你想过没，还有多少和你同样的人却正在为房子忧愁、为明天的家庭开支担忧、为了一个几十元的包包与店铺老板砍价？这样一比，你可能觉得自己其实是幸运的，也就不再为那些外在的物质生活而忧愁了。

2. 注重精神世界的充盈

细心的你也可能发现，那些爱看书、听音乐、旅游的人，他们看起来笑得更舒心，因为他们的业余生活是丰富的、充足的，他们不会为那些虚无缥缈的物质生活烦恼，他们满足于现在的幸福生活。因此，丰盈精神世界是克制我们的欲望的良好方式，比如，你可以把周末逛街的时间拿来学习英语、练瑜伽、读名著等。

总之，快乐、幸福的感觉，依托于物质的满足、成就的获得等，而它的源泉，则在于时刻珍惜和懂得知足。懂得珍惜，最为可贵，善于知足，最为幸福。

不受外界干扰，专心做事

生活中的每一个人都有自己的理想，并且，大多数人都在为自己的理想奋斗着。但我们不得不承认的一点是，在我们为目标奋斗的过程中，总会出现一些干扰我们的因素，对此，只有保持内心安宁，才能经受得住诱惑、耐得住寂寞，也才能真的有所作为。

莫泊桑是19世纪法国著名作家。他从小酷爱写作，孜孜不倦地写下了许多作品，但这些作品都是平平常常的，没有什么特色。莫泊桑焦急万分，于是，他去拜法国文学大师福楼拜为师。

一天，莫泊桑带着自己写的文章，去请福楼拜指导。他坦白地说："老师，我已经读了很多书，为什么写出来的文章总感到不生动呢？"

"这个问题很简单，是你的功夫还不到家。"福楼拜直截了当地说。

"那怎样才能使功夫到家呢？"莫泊桑急切地问。

"这就要肯吃苦，勤练习。你家门前不是天天都有马车经过吗？你就站在门口，把每天看到的情况，都详详细细地记录下来，而且要长期记下去。”

第二天，莫泊桑真的站在家门口，看了一天大街上来来往往的马车，可是一无所获。接着，他又连续看了两天，还是没有发现什么。万般无奈，莫泊桑只得再次来到老师家。他一进门就说：“我按照您的教导，看了几天马车，没看出什么特殊的东西，那么单调，没有什么好写的。”

“不，不不！怎么能说没什么东西好写哟？那富丽堂皇的马车，跟装饰简陋的马车是一样的走法吗？烈日炎炎下的马车是怎样走的？狂风暴雨中的马车是怎样走的？马车上坡时，马怎样用力？车下坡时，赶车人怎样吆喝？他的表情是什么样的？这一些你都能写得清楚吗？你看，怎么会没有什么好写呢？”福楼拜滔滔不绝地说着，一个接一个的问题，都在莫泊桑的脑海中打下了深深的烙印。

从此，莫泊桑天天在大门口，全神贯注地观察过往的马车，从中获得了丰富的材料，写了一些作品。于是，他再一次去请福楼拜指导。

福楼拜认真地看了几篇，脸上露出了微笑，说：“这些作品，表明你有了进步。但青年人贵在坚持，才气就是坚持写作的结果。”福楼拜继续说：“对你所要写的东西，光仔细观察还不够，还要能发现别人没有发现和没有写过的特点。如你要描写一堆篝火或一株绿树，就要努力去发现它们和其他的篝火、其他的树木不同的地方。”莫泊桑专心地听着，老师的话给了他很大的启发。福楼拜喝了一口咖啡，又接着说：“你发现了这些特点，就要善于把它们写下来。今后，当你走进一个工厂的时候，就描写这个厂的守门人，用画家的那种手法把守门人的身材、姿态、面貌、衣着及全部精神、本质都表现出来，让我看了以后，不至于把他同农民、马车夫或其他任何守门人混同起来。”

莫泊桑把老师的话牢牢记在心头，更加勤奋努力。他仔细观察，用心揣摩，积累了许多素材，终于写出了不少有世界影响的名著。

的确，和莫泊桑一样，很多成功者之所以成功，就是因为在专注的过程中，经过了沮丧和危险的磨炼，才造就了天才。福韦尔·柏克斯顿认为，成功来自一般的工作方法和特别的勤奋用功。他坚信《圣经》的训诫：“无论你做什么，你都要竭尽全力！”他把自己一生的成就归功于“在一定时期，不遗余力地做一件事”这一信条的实践。

的确，我们每个人，只有专心致志于一行一业，不腻烦、不焦躁，埋头苦干，不屈服于任何困难，坚持不懈，才能有所成就。只要你坚持这样做，就能造就优秀的人格。

相反，那些对奋斗目标用心不专、左右摇摆的人，对琐碎的工作总是寻找借口，从而懈怠、逃避，他们注定是要失败的。如果我们把所从事的工作当作不可回避的事情来看待我们就会带着轻松愉快的心情，迅速地将它完成。

总之，在对有价值目标的追求中，坚韧不拔的决心是一切真正伟大品格的基础。充沛的精力会让人有能力克服艰难险阻，完成单调乏味的工作，忍受其中琐碎而又枯燥的细节，从而使他顺利通过人生的每一驿站。

第4章　志当存高远，心当存澄洁

对我们每个人而言，人生是一个过程，所以，我们要从容一点面对。从容，是一种理性，一种坚忍，一种气度，一种风范；是处世时“不管风吹浪打，胜似闲庭信步”的镇定自若、不骄不躁。只有从容，我们才能临危不乱；只有从容，我们才能举止镇定；一时的从容固然是美，也不难做到，但一生的从容才是英雄本色，是令人敬佩的豪情万千。

人能克制贪欲才能刚强

过度的贪欲是万恶之根，会带来妒忌、愁苦、争执，让自己终日生活在惶恐不安之中，而无法享受到平安、喜乐的从容人生。

俗话说：“人心不足蛇吞象。”过度的贪欲就是一切恶果的根源。人活在世上，想要拥有的东西太多了，就像格林童话《渔夫和金鱼》中的老太婆，心中永不知足，让她当贵夫人不行，还要当女皇；让她当女皇不行，还要当海上霸王，甚至要金鱼做她的仆人。结果呢，却适得其反，什么都没有得到。

过度的贪心就像吃咸菜一样，吃得越多越渴，身体越不好。人若过于贪心，就会在心理上永无宁日，没法享受生活中从容的乐趣；人若过于贪心，就不能坚持公道，没法读懂生活中的真谛；人若过于贪心，就会利令智昏、见利忘义，没法体会天伦之乐，甚至连性命都可能丢失。

曾经有个人很吝啬，他也知道自己这个毛病，但是就是无法改掉。他家里很穷，穷得连床也没有，家徒四壁，只有一张长凳。他每天晚上就只有在长凳上睡觉。于是，他向上帝祈祷："如果我发财了，我绝对不会像现在这样吝啬。"上帝看他可怜，就给了他一个装钱的口袋，说："这个袋子里有一个金币，当你把它拿出来以后，里面又会有一个金币，但是当你想花钱的时候，只有把这个钱袋扔掉才能花钱。"

听上帝说完，那个人就开始不断地往外拿金币，整整一个晚上都没有合眼，地上到处都是金币。转眼间，地上的钱已经多到即使他这一辈子什么都不做，也足够他活一生了。可是每当他决定扔掉那个钱袋去花钱的时候，又都舍不得，心想还可以再拿一些金币出来。

于是他就不吃不喝地一直往外拿金币，直到把整个屋子都装满了。可是他还是对自己说："我不能把袋子扔了，钱还在源源不断地出，还是让钱更多一些的时候再把袋子扔掉吧。"到了最后，他虚弱得连把钱从口袋里拿出来的力气都没有了，可他还是不肯把袋子扔了，终于在钱袋的旁边，孤独地死去了。

这个吝啬的人，因为过度的贪心，最终为金钱而丧命，什么也没有享受到，反而沦为笑料，有什么意义呢？

过度贪心的人，往往是紧紧地抱住自己拥有的东西，不肯放下他追逐得来的东西，更不会分给别人一丝一毫，甚至还吃着碗里的，望着锅里面的。

一天，一只狐狸出来觅食，很快，它就捉到一只飞雁，并把它衔在口中，负伤的飞雁在狐狸嘴里，不断挣扎着，还动着翅膀。

但当狐狸走到河边时，看见河里的鱼又肥又大，滑溜溜的，感觉似乎比飞雁还好吃。于是，这只贪心的狐狸，随即把飞雁放置于岸上，跳入河里想捉鱼，然后再一起享受这顿大餐。可是一入水，狐狸就站立不稳，身子随水漂流起来。狐狸一看情形不对，就没命地逃上岸来，总算保全了生命。但岸上哪里还有飞雁的影子，负伤的飞雁早就趁着狐狸不注意的时候飞跑了。

狡猾如狐狸，也因过度贪心而错过了美味的食物，既然已经得到飞雁在口，何必又去捉鱼呢，结果折腾得惊魂不定，两手空空，害自己烦恼、懊悔不已。

生活中，人多一份贪欲，就多一份痛苦和烦恼；少一份贪欲，就多一份从容和快乐。过度的贪欲如同一根链条，若自己无法摒弃，便会被其束缚，过度的贪欲犹如一个火把，若自己无法熄灭它，便会引火烧身。波斯匿王正是在领悟到其中的奥妙后，才放下贪念，重新拥有了从容而健康的生活。

近来胃口非常好的波斯匿王，看到什么东西都要饱尝一下，于是他的身体一天一天地胖了起来，终至行动困难，气喘吁吁。

他忧心忡忡地来请教佛陀，问有什么减肥的妙方。波斯匿王神情忧虑地对佛陀说："佛陀！我因为受不了美食的诱惑，饮食过量，以致越来越胖，非常的烦恼。"佛陀怜悯地说："王啊！你为什么贪念这么强，太过度了，难道没想过要制止吗？"波斯匿王皱着眉头："有啊！曾经试过，但是还是抗拒不了想吃的欲望，怎么办呢？"佛陀微笑道："想得到不该得的东西就叫做贪。贪心的人终日追逐财、色、名、食、睡等五欲，若不知道要适可而止，必然会造出种种罪业，伤害别人，使自己遭受业报的痛苦。要消除这种烦恼，应该去除贪求的心，饮食节量，自然能够身体健康。"

听完，若有所思的波斯匿王欣喜地说："原来痛苦和烦恼的根源是贪欲太多，贪念真是害人不浅呐！"

其实，烦恼的产生并不是以人的生活物质为标准，而是以心境状态为参照物，若贪欲多重，人便永远无法满足，永远无法从容地生活。波斯匿王之前的烦恼便是来源于此。

过度的贪欲如魔鬼，一点一点吞噬着人们善良的心灵；过度的贪心如铁锁，整日整日地将人们囚禁于内，不得解脱。生活，不是活着给人看的，而是如一朵花，静静地开，又悄悄地落，全然为自己而存在。所有生命中的该得到的，我们应尽量争取；不该得到的，不如从容对待。正如徐志摩所说：得之，我幸；不得，我命。

贪欲不能过度，否则物极必反。老子说得好:“见欲而止为德”。合理的需求才是从容，才是一种淡泊，才是顺应自然。唯其从容，方能摆脱一切世俗，悠然地过上自己想要的生活，创造属于自我的空间，让自己的人生从从容容而色彩纷呈。

不追求名利，志趣才能高洁

用一颗宁静的心，做个淡泊的人；用一颗从容的心，做个睿智的人。让我们在淡泊中走出浮华、走向从容；在宁静中沉淀深情、活出洒脱，用心描绘自己的真我风采。

淡泊，是一块高远的天空，是一片心灵的净土，是一种人格的净化。人生最美妙的时光，是不为名利所累，不为繁华所诱，独守一片天籁，独享一角清幽，独处一隅孤寂，从从容容地“行到水穷处，坐看云起时”。

用淡泊的心境去诠释志向的高远，用宁静的意念去解读生活的经书，你便能搏击万里长空，唱响生命华章，享受面朝大海、春暖花开的从容、悠然生活。

王海上大学的时候，专业是学校预先确定了的。尽管他当时并不喜欢化学，但他却没有怨天尤人，他想了个两全之策，既服从学校分配，又不放弃自己的爱好。他既在课堂上认真听老师讲自己的专业课，课下又投入到自己感兴趣的科目中，尽管比较累，但王海仍然以优异的成绩完成了大学的学业。后来，在科研中，王海不再受专业的局限，而是先找准自己喜欢的研究课题，再以此为圆心，向周围延伸，涉及哪个学科，就找来相关资料，学习相关知识，而不是从头开始学这个学科。即便现在，他每天仍要阅读大量的国内外文献，不断学习新知识。他的研究工作涉及物理、化学等多个领域，所以他成为了一个典型的复合型人才。而当初本科时的广泛涉猎无疑为他的成功作了重要的准备。“没有人知道自己将来会做什么，不去尝试，怎会知道自己真正的兴趣所在？”王海如是说。

让学生们印象最深的就是王海那淡泊的心态和强烈的社会责任感。王海所从事的研究工作，不仅仅是出于自己对工作本身的兴趣，对科学的热爱，更是出于为祖国服务，为人类造福的赤诚之心。在这个喧嚣浮躁的世界中，学生们惊讶王海竟能始终保持一颗宁静的心进行自己的研究。以王海的能力，随便在别的什么地方都会有优厚的待遇，而且工作会比在学校轻松许多。“这里有我喜欢的工作，衣食无忧，还可以每天做自己喜欢的事，又怎会觉得累呢？”王海平静地说。当然，压力总会有的，在工作之余，王海会陪着家人看电视，或是出去旅游，而且他每天早上风雨无阻地送女儿上学，一家人其乐融融，家庭的温暖舒解了工作的压力，也带来了无限的满足。

在纷繁复杂的尘世间，拥有一份属于自己的宁静，实在是一种独特的享受。王海正是用自己淡泊的心态做了一条远航的船，用宁静的性情织了一张稠密的网，在人生旅途上摒弃贪名重利的心，打捞出了生活中最纯的美丽。

醉过知酒浓，爱过知情重，经历过才知一切都将归于平静。红尘微熏的岁月，功名利禄让我们眼花缭乱，只有在时间的轮回中，我们才能变得宠辱不惊，用一颗淡泊的心去完成飞翔的梦想，用平静的心态去接受生活赐予我们的喜怒哀乐，去从容地为精彩人生而拼搏，把梦想照进现实。

梦静是个纯朴而温雅的女孩，眼中总闪耀着坚强与执着的光彩，脸上常挂着甜甜的笑。梦静在大学期间成绩优异，现在已经被保送研究生了。

谈及保研问题时，梦静解释说申请保研是一项相对复杂的程序，要做好充分的准备，比如说和目标学校沟通好，在口试时尽量发挥出最好的水平等。除此之外，学院内的综合排名在保研时是一项非常重要的参考标准，平时成绩和素质发展分各占一定比重。

说到学习，梦静认为学习并不能只靠死记硬背，而是要将学习培养成一种兴趣。因为只有对一件事物有兴趣，才会尽自己最大的努力投入这件事中。此外，她也不赞成我们带着功利心去学习，这样可能会扼杀我们对学术、对学习的兴趣。她觉得有些东西你越追求越得不到，就像你抓沙子，抓得越紧，沙子漏得越多。梦静说她自己的生活态度就是把名利看得淡一点，踏踏实实学习，只问付出，不问收获。

梦静正是因为心中宁静，才不会被困于喧嚣的市井，不会被一切外物扰乱心智，才能静下心来学习和思考，充实自己的灵魂，而她也在这种宁静中，从容地进入了理想中的求学圣地。

淡泊明志，宁静致远，是一种自我的回归，是一种人生的体验，是一种洒脱，更是一种人生的志向。人生百态，五味俱全。无论是籍籍无名的困苦，还是轰轰烈烈的潇洒；无论是和风细雨的平静，还是暴雨瓢泼的淋漓；不论是激情昂扬的人生，还是惨淡潦倒的尘世。让我们把成败兴衰放一边，退一步海阔天空，让淡泊和宁静作为自己的伴侣，让自己的灵魂回归从容而坦然的状态。要知道，在轰轰烈烈中保持一颗平常的心，在平平淡淡中享受从容的快乐才是智者的选择。

一个人，总要为自己活着

走自己的路，让别人去说吧！真正地为自己活一生，尽情享受生命的阳光雨露，从容地向着未来翱翔吧。

我们的一生不过短短数十载，在这有限的生命中又有多少时间是完全为自己活的呢？面对错综复杂的人际关系、旁人的眼光、言论、评价，我们想要为自己活的几率就更小了。而为了成为他人眼中优雅的小姐或是儒雅的先生，我们不得不戴上面具，隐藏自己的本性，做一个衣冠楚楚、彬彬有礼的人。这样周而复始的生活常常让我们苦不堪言。

既然如此，不妨追求该追求的、放弃该放弃的，从容地为了自己而活吧。我们本就应该为自己活着，只有自己活得好，才能让家人、朋友、爱人也活得好，才能对社会有所贡献，回报父母和曾经帮助过自己的人。

我们活在世上，真的没有多少时间可以随心所欲地由自己安排，能为自己而活着，是真正属于自己的。澳大利亚的茉莉直到80岁才开始真正为自己而活，虽然她为自己活的时间非常短暂，但当她离世的时候，她仍是从容而快乐的，因为她生命的余晖是为自己绽放的。

茉莉出生在澳大利亚一个普通的小镇上，从小就接受最传统的教育。很小的时候，父母就告诉茉莉要遵守小镇上的生活准则，不要给别人增加麻烦。茉莉一直把父母的话牢牢记在心底，然后，一天天长大，上学、工作、结婚、生子，她没有让父母失望。人们都说茉莉是个好人，茉莉也觉得自己是个好人。可不知道为什么，她总有种淡淡的失落感，她的大半生都生活在这个小镇上，从没有见过外面的世界。

茉莉非常想过那种丰富多彩的生活，但她一直记得父母的教诲，没有任何特立独行的举动。时光悄无声息地流逝。茉莉从豆蔻少女变成了慈祥和蔼的老奶奶。后来，她的丈夫去世了，孩子们也各自成了家，茉莉又开始了一个人的生活。在她80岁那年，整个小镇都成了旅游区，从世界各地纷纷涌入的旅游者很快打乱了小镇的平静生活，也打乱了茉莉的心。

一次聚会的时候，旅游开发商请小镇上年龄最大的居民——茉莉为小镇做广告。茉莉向游人们诉说着小镇的快乐与美好。说着说着，她突然停了下来，自言自语地说道："是的，这里真的很美，但我更喜欢另一种生活。"茉莉生平第一次没有为别人而活，毅然选择过一种自己想要的全新生活。

带着变卖房产所得的200万澳元，茉莉离开了家乡，到了新的地方，她开始按照自己的愿望生活——学习绘画，去听古典音乐，和年轻人一起去看最流行的时装发布会，出席各种各样的社交活动。茉莉变得如此快乐、自信，几乎让人忘记了她的年龄。茉莉不仅充实地生活着，还出人意料地当选了市政府的议员。很快，茉莉就成了家喻户晓的明星。人们都说，茉莉一定会在90岁那年成为市长。然而，茉莉90岁那年，生命之花就因意外瞬间凋谢了。

根据茉莉生前的嘱托，家人将她安葬在郊外的公墓里，墓碑上刻着：茉莉，1990年生，2000年快乐地结束在人间的旅行。

茉莉明明是1910年出生的，为何墓碑上刻的是1990年呢？原来茉莉始终觉得，从80岁那年开始她才过上了为自己而活的生活，所以她生命的真实长度是10年。

当人生的旅途完成，当所有的牵绊都可以放下，我们会感叹什么？是欷歔一辈子都在为别人活着，太累了；还是满足于为自己活着，从容地实现了自己的梦想。人生苦短，没有谁的一生是一样的，没有谁的人生可以复制。当你一心看着别人生活时，不妨用心看看自己，感受一下自己的内心，或许那时，你会有不一样的体会……

把握自己，开心过好每一天

没有人可以得到这世间所有的美好，能够自由掌控自己、把握自己心态的人，最终才最易活得从容和幸福。

相互攀比的心理在每个人的心中都存在，即使你拥有豁达的胸怀，只要你是一个积极进取的人，这种好胜之心就会让你在跟别人的比较中，或多或少地失去平稳的心态，失去本来的自我。

在这个社会中，个体生活在这个坐标系的原点。能够把握好自己心态的人，就不必在乎他人的财富胜自己多少、才气高自己几许。因为人与人之间是不同的。能够明白此中要义，就会洒脱许多，开心许多，轻松许多。这的确不失为生活中的一大平衡术。

各人的成长环境不同，天资不同，在若干年后，术业有专攻的局面必然呈现。用自己的长项和别人的弱项比，优越感十足；而看到别人的哪方面都比自己强，自己无法企及，就失魂落魄、垂头丧气。这样的人未免活得太累了。一个人心里的平衡就这样轻易地被打破，哪还有安宁和快乐可言？

一天，一位认为自己才高八斗的穷酸诗人乘船过江。当船划到江的三分之一处时，这位诗人突然诗兴大发，面对滔滔江水吟起诗来，几首过后甚觉无趣，因为没有人能够欣赏他的诗。于是他问船夫："船夫，你懂不懂得诗词之美啊？"

船夫摇摇头说："我哪懂得诗呀！我只会划船！"穷酸诗人叹了一口气："唉！连诗歌都不懂，你真是个大老粗。"船夫对这带有歧视意味的话，丝毫没有理睬。

船走到江中间的时候，穷酸诗人拿出一只笛子吹了起来，陶醉在自己的旋律之中。一曲完毕，穷酸诗人又问船夫："船夫先生，你不懂得欣赏诗句，那你总该懂得欣赏丝竹之美吧!"船夫摇摇头说："我哪懂得音乐啊？我一生只会划船！"穷酸诗人更加不屑地说："不懂得欣赏音乐，你的生活真是枯燥乏味，活着还有什么意思啊。"

突然间，天空中乌云密布，下起大雨，江水暴涨，眼看就要把船给打翻了。船夫跑到船头准备跳下水，这时，他回头问穷酸诗人："秀才先生，那你会不会游泳呢？"穷酸诗人说："我这一生饱读诗书，欣赏音乐，哪有时间学习游泳呢？"船夫说："那很抱歉，不懂诗书和音乐，我没觉得我的人生缺少快乐，但你此时不懂游泳，恐怕你的人生即将全部失去了。"说完，船夫就跳进了江里。

可想而知，可怜的诗人会落得一个什么样的下场。船夫面对诗人诸多带有羞辱性的话语，依然面不改色，情绪毫无异样，这说明他阅历丰富。光顾炫耀才华的诗人，没有给别人留有口德，最后在危机时刻，空有一身才学，不懂得救生之法，也只能遗憾地了此一生。

不随意贬低别人，也不因为别人的才学而感受自卑。这是诗人没有做到的，却是那个船夫心领神会的。一味想着表现自己的人，在夸耀自己的同时，你的心就已经失去了平衡，就已开始伤害别人，最终很可能也会伤害自己。

我们常说职业不分贵贱，就像船夫会划船，诗人会作诗一样，各自有各自的本领，不必过分炫耀或羡慕。生活中，我们会听说很多抱怨，什么别人穿得比自己漂亮，吃得比自己讲究，住得比自己舒适之类的。还有乡村的羡慕城市的，钱少的羡慕钱多的，位低的羡慕位高的，权轻的羡慕权重的……

古人云："他骑骏马我骑驴，仔细思量我不如，回头看见推车汉，上虽不足下有余。"

我无鞋，我痛苦，我却发现无腿的人更痛苦。生活中总有比你更加不幸的人，这并不是让你去为别人的不幸而幸灾乐祸，而是让我们充分认识人生的多变，从而去选择乐观。

仔细想想吧，当你在羡慕或嫉妒别人时，你身边又有多少人在羡慕你有一份酬劳可观的工作或者有一个幸福美满的家庭呢？

曾经在网上看过一个帖子，它是这样说的：

北京人说他风沙多，内蒙古人就笑了；内蒙古人说他面积大，新疆人就笑了；西藏人说他文物多，陕西人就笑了；陕西人说他革命早，江西人就笑了；江西人说他能吃辣，湖南人就笑了；湖南人说他美女多，四川人就笑了；四川人说他胆子大，东北人就笑了；东北人说他性子直，山东人就笑了；山东人说他经济好，上海人就笑了；上海人说他民工多，广东人就笑了；广东人说他款爷多，香港人就笑了……

虽然这个帖子没有什么深意，但是这却流露了一种心理：天外有天，人外有人，我们只是其中小小的一份子，怎么可能处处得到盛誉呢？

再者说，世间不如意事常八九。每个人的人生道路都不可能平平坦坦，毫无波澜。如果自己都不知足，用些无聊的谈资跟周围的人攀比，伤心失望恐怕也是在所难免。世上没有十全十美的事情，也没有十全十美的人，不要过分求全，不要始终拘泥于完美，没有人可以得到这世间所有的美好。只有能够掌控自己、把握自己心态的人，最终才最易获得从容和幸福的生活。

世俗喧嚣总纷扰，人生孤旅本寂寥

从容的心态能让我们拨开纷扰，无所谓流言蜚语、环境变迁，自如地游走在属于自己的理想世界中。

世俗的生活中，尘世的纷扰总是如影随形，令我们挥之不去。越来越高的钢筋水泥，分割了广袤的天空，阻碍了人与自然的交融沟通；越来越多的物质欲望，取代了最初的天真，淡漠了心对质朴的向往。虽然幸福快乐是人们孜孜追求的目标，但更多的人却在对快乐的追逐中迷失了自我，深陷俗事的泥塘，任凭都市的烟尘蒙蔽了心灵、红尘的诱惑扭曲了灵魂、纷杂的俗世打乱了生活，逐渐在永无休止的追逐中丢失了从容的心态和生活。

面对周遭纷纷扰扰的事，每一个人都应该成为自己生命之舟的主人，无论是面对五光十色、一帆风顺的顺境，还是波涛起伏、濒临绝境的困难，我们都需要处变不惊、从容把握，才可能战胜一切艰难险阻，寻找到自己想要的人生。身处娱乐圈是非中心的乐基儿就为我们阐释了如何在滚滚红尘中击破纷扰，洞察世事，回归从容。

俗事纷扰嘈杂中，淡定从容，便可于静处静听风声，与喧闹处享受安宁。如唐朝诗人王维，他正是能用从容的心态对待生活中的纷扰，才写出了一首首流传千古的诗歌。

大唐盛世如花的繁华终究摆脱不了一朝变乱、笙歌尽逝的悲剧，王维这个曾经“系马高楼垂柳边”的倜傥少年，也不得不面对长河的落日、大漠的孤烟慷慨悲歌，在渔阳鼓声碧池头里感叹身世纷扰。朱颜褪却，烟花飞尽，王维走得倦了。不求柳暗花明的转机，他只是往那里轻轻一坐，深山里一朵花的开落，反而牵动起他最敏锐的神经：“木末芙蓉花，山中发红萼。涧户寂无人，纷纷开且落。”此时的瞬间，是从容泰然的瞬间。当岁月溜走，心湖波澜不惊时，王维就像一位老花匠，品味着繁花的温婉和从容。

“渭城朝雨浥轻尘，客舍青青柳色新。劝君更尽一杯酒，西出阳关无故人。”王维劝人的言语也是那样温暖和动情——他瞥了一眼渭城客舍窗外青青的柳色，看了看友人已打点好的行囊，微笑着举起了酒壶。“再来一杯吧，阳关之外就找不到像你这样可以对饮畅谈的老朋友了，也找不到人能和我一起分享这纷扰的俗事了，让我们一同饮尽这杯酒吧。”这便是王维的潇洒风范，他不会洒泪悲叹，执袂劝阻，他的目光放得很远，他的人生道路无论在哪里都是坦荡而从容。

王维的诗歌有时是婉妙的，如女子低首敛眉的舞姿；王维的诗歌有时又是刚强的，如水墨山川间的屏风，举重若轻，拒绝浮华和纷扰。最让世人心动的更是他那“行至水穷处，坐看云起时”的从容和洒脱，让所有的纷扰都成了天空的清澈和水色的温柔。

诗歌可谓是最具灵性的文字，能真实反映作者对待生活的心态。王维的诗歌便闪耀着他从容的生活智慧，也为他的生命笼上了一层绚丽的光芒，让他的人生有了别样的意义。

从容，是我们一种对待生活的态度，有了这个态度，我们便能在尘世的纷扰中保持一份平静的心性，不至于因一时的得逞而大喜过望，或天不遂人愿而怨天尤人。

事实上，当我们留心感受时，就会发现其实幸福从来就没有离我们远去，它一直在我们身边某个最深最隐秘的地方潜伏着。你只需要一颗从容的心，悠然地拨开尘世纷扰的迷雾，轻轻地将它唤醒，幸福便会如期而至，永远伴随着你，让你气定神闲地享受生活！

第5章　人活着是一种心情，要快乐的活着

美国的一位心理专家说：“我们的恼怒有80%是自己造成的。”而他把防止恼怒的方法归结为这样的话：“请冷静下来！要承认生活是不公正的。任何人都不是完美的。任何事情都不会按计划进行。”哲人也说，太阳底下所有的痛苦，有的可以解决，有的则不能，如有就去寻找，如无就忘掉它。我们都知道，天有不测风云，人有旦夕祸福，但无论我们遇到了什么，我们都要学会调整自己的心态，凡事淡然，而不是一遇到事就发脾气，当我们学会了驾驭自己的脾气时，幸福也就会随之将至。

别生气，才会有好福气

人活于世，我们都希望获得良好的人际关系，都希望与周围的人和谐相处，但事实上，我们不能做到让每个人都喜欢我们，甚至让我们感到无奈的是，无论我们怎么做，似乎总有一些人嘲笑、鄙视、伤害我们，此时，我们不必与之争论，而应该在内心激励自己：与其生气不如争气，为了证明自己，为了

赢回尊严，一定要努力。你要明白的是，尊严是你自己享用的精神产品，每个人的尊严都是属于他自己的，你自己认为自己有尊严，你就有尊严。所以，如果有人伤害你的感情、你的尊严，你要不为所动。你死守你的尊严，就没有人能伤害它。

的确，他人侮辱、轻视我们，那并不意味着自己的价值毫无存在。别人看轻了自己，没有关系，只要我们自己看重就行了。一个人如果总是患得患失，太注重别人的态度，并将自己的得失建立在别人的言行上，那又怎么静下心来充实自我呢？

约翰是个很勤奋的小伙子，在获得企业管理的硕士学位后，他就在一家国际性的化学公司工作。因为学历相当，刚进公司，他就被安排在了管理层的职位上，这令很多人不满意，尤其是那些和他年纪相当的小伙子们，因为他们还在基层摸爬滚打，为了服众，约翰请求也从基层做起，这令上司很欣赏。

但约翰并不聪明，甚至是笨拙的，在很多业务问题上，他总是做得很慢。约翰的迟钝是明显的，为此，他的上司也开始为他着急：“抓紧点，约翰，动作快一些！”

然而，约翰的速度似乎还是那么慢条斯理，永远都不着急。看到约翰蜗牛般的速度，人们开始不满，并用各种语言嘲笑他：“如果约翰去当邮递员的话，那么，我们永远别指望收到东西了。”

即使他们这样说，约翰也没有生气，也没有说任何话，而是还按照自己的进度工作、学习。

就这样，约翰来公司也已经半年了。此时，公司决定举行一场专业知识和业务能力考试，而第一名将会被选拔为公司储备干部。

令大家奇怪的是，平时少言寡语、工作速度缓慢的约翰却一举夺得了第一名，此时，他们才明白，做得多才是成功的硬道理。

这个案例中的约翰工作慢条斯理、不缓不慢，看似愚笨，甚至被对手嘲笑，但他并不生气，也不与之辩驳，而是拿行动来证明自己才是最优秀的，这是一种值得我们学习的精神。

的确，我们活在这个世界上，首要目标就是为了实现自己的价值，而并不是为了求得所有人的认同甚至拥护。在我们身边，每个人的思维和行为方式都不一样，总会有一些人跟自己合不来，他们有可能会对我们的言行进行冷嘲热讽甚至侮辱，其实这都是极为正常的。因为在这个世界，任何人都不可能赢得所有人的心，在我们的朋友圈子以外，总会有那么几个人，心生嫉妒，不怀好意地望着我们。不论我们怎么努力，都不可能让所有的人都成为自己的朋友。

在这样的情况下，我们需要忍耐那些非朋友的冷嘲热讽，在忍耐中变得淡然。既然他丝毫不会理解你，至于他的冷嘲热讽对你而言，也是毫无意义的，就好像是盘旋在头顶上的嗡嗡叫的苍蝇一样。对此，我们根本没有必要花很多时间和精力去悲伤或是愤怒，赢得好人缘固然是一种幸运，但有时候我们内心仪满足“得一知己”。这样想来，对其他人的冷嘲热讽，我们就没有必要为之生气，而是淡然笑之，在忍耐中修炼自己，淡定从容，努力实现自我的人生价值。

一个人如果总是患得患失，太注重别人的态度，并将自己的得失建立在别人的言行上，那自己怎么会开心呢？对于自己的所作所为，别人要是嘲讽，那就让他嘲讽好了，又何必在乎一个自己原本不在乎的人所说的话呢？如果对方没看清楚事实，那根本就是这个人的损失，与自己无关。我们应该学会忍耐，并在忍耐中看淡那些所谓的冷嘲热讽。

其实，退一万步讲，你遭到他人的恶语攻击也是有一定原因的，那些受人攻击的往往都是那些任重道远的人。这种情况几乎在每个行业都一样，它正说明了你的价值所在。从这个角度考虑，我们更没有必要生气了。

总之，事实是击败任何不实言论的最好武器，受到别人的嘲讽，我们不需要与之争论，而应该淡然处之，然后努力奋斗，最终，那些嘲讽的言辞将会不攻自破。

漫漫人生路，笑对风雨行

的确，红尘滚滚，荆棘丛生，人生的道路曲折而漫长。生命之旅不会一帆风顺，总会出现一些风风雨雨，我们总会因此而感到痛苦、不如意，乃至悲伤。如何面对人生的风雨？美国大诗人朗弗罗曾说："乌云后面依然是灿烂的晴天。"这句话告诉我们，人生路上，不管遇到什么，都要乐观面对，积极阳光的心态会为我们带来好运，才有获取成功的希望。

有一天，在某个公交站牌处，一个小女孩和妈妈起了争执。

小女孩有点生气地对妈妈说："我就要去海边玩，为什么你不让我去？"

妈妈劝她："不是早说过了吗，今天出太阳了咱就去，但今天没有出太阳啊，而且天气预报说还可能要下雨呢，还是改天再去吧。"

"妈妈骗我，今天出太阳了……"

妈妈笑了起来，问道："哪里有啊，不要骗人，你说说，太阳到底在哪儿。"

小女孩抬起头来，东看看西瞧瞧，然后指着天空喊："那不是在那儿嘛。"

"没有啊，那只是乌云而已呀。"

"对呀！"没想到，小女孩一副非常认真的样子，"太阳就躲在乌云的后面呢，等一会儿乌云一走开，不就出来了吗？"

听到小女孩的话，所有等车的人都笑了。

对于积极的人来说，太阳每天都在天空中，虽然有的时候我们看不见它，那是因为它正躲在云的后面，而乌云总有散开的时候，就如人生总有诸多的幸福会接踵而来一样。

生活中的人们，乌云密布的时候，你是怎样看待的呢？如果你也能看到乌云后的太阳，那么，你也就是个积极的人。这样，在未来荆棘密布的人生道路上，无论命运把你抛向任何险恶的境地，你都能做到积极面对，毫不畏惧。

1985年9月19日清晨7时19分，墨西哥西南岸外太平洋底发生8.1级强震，震波约2分钟到达墨西哥城。顿时，该城整个大地突然剧烈颤动，仅仅90秒钟的时间，市中心30%的建筑物便化为瓦砾。在这次地震前的几小时，可爱的胡安娜·哈斯敏·阿利亚斯出生了，在那场灾难中，她失去了妈妈，但同时她又很幸运，她是当年警察和士兵们从墨西哥城华雷斯医院废墟里救出的第一个孩子。

爸爸因为无法承受失去妻子的痛苦而和年幼的胡安娜疏远。一直以来，她都住在自己的姨妈家中。但当别人问胡安娜“那场灾难让你失去了母亲，你有什么想法？”时，胡安娜并不会觉得又一次被触碰了伤疤，她从没觉得自己和身边的其他人有什么不一样。对她而言，抚养她长大的姨妈给了自己全部的爱，她就和母亲一样。妈妈能给予的，姨妈也毫无保留地给予了她。

长大后，胡安娜接受了墨西哥城特意成立的一个专门的心理医生小组的治疗，积极的心理治疗让胡安娜跨过了那道艰难的坎儿。

胡安娜说，正因为知道自己能活下来就是生命的奇迹，所以她要做的就是“朝前看”。现在的胡安娜已经结束了在墨西哥工业技术研究和服务中心的时尚设计课程，她希望在政府专项帮助“奇迹婴儿”的项目资金的支持下，再去学习英语，并上完大学课程。

的确，胡安娜的心态是值得很多人学习的。灾难已经发生，就不要再回首，当你回头往后看那个绊倒你的坎时，你又会想起以前的不幸经历，之前的伤疤又会被重新揭开，隐隐作痛。把头抬起来，天空依然星光灿烂。苦难有时会置人于死地或让人颓废，但有时也会使人焕发巨大的潜能，快速地成长。

莎士比亚说过：“聪明的人永远不会坐在那里为自己的损失而哀叹。他们会用情感去寻找办法来弥补自己的损失。”毛主席曾赠柳亚子诗曰：“牢骚太盛防断肠，风物长宜放眼量。”意思是说对待困惑，眼睛要看得远，心要想得开，做到不疑不愁不怒，豁达乐观。这样才能烟消云散，天高地阔，去迎接生活的每一天。

总之，生活中的人们，无论在生活中遇到什么，都要乐观，抛却那些伤心的往事，抛却那些失败后的懊恼吧，若想开心生活，就必须勇于忘却过去的不幸，重新开始新的生活。

莫生气，为他人的错误不值得

我们深知，社交生活中，尤其是利益敌对的两方，谁先暴露自己，谁就先偃旗息鼓而败退。要想克敌制胜，就必须让对方摸不清虚实，但很多时候，对方会采取一些扰乱你情绪的方法，比如激怒你，对此，你必须控制自己的情绪，泰山崩于前而面不改色，在无法了解你的真实意向的情况下，他们往往不会轻举妄动，此时，他们就被你“算计”了。

然而，人都是情绪化的动物，都容易被周围的人和事所影响，但如果你能看到生气的后果，便能将愤怒的情绪压制住而不至于产生不良影响。

公元1661年，年仅8岁的爱新觉罗·玄烨被推上龙座，他就是后来万世敬仰的康熙大帝。

玄烨即位之时，尚且年幼，必须由祖母孝庄太后悉心培养。当时，令清朝宫廷最头疼的问题是鳌拜，他自恃自己是小皇帝的辅政大臣，在朝中，结党营私，玩弄权术，骄横跋扈，不把小康熙放在眼里，连孝庄太后也只能隐忍。当时，年轻气盛的康熙曾几次想把鳌拜绳之以法，但他知道自己与鳌拜还是实力相差很大，于是，只好先隐忍。因此，康熙把怨气与怒气埋在心里，一直积蓄力量。

终于，康熙皇帝在年满16周岁时，也就是1669年，他发动攻势，一举剿灭了鳌拜一伙。之后，他又平定“三藩”，收复台湾，击退沙皇俄国的入侵，开创了一代盛世。康熙成为了我国清朝时期著名的皇帝。他在位时，清朝的政治逐渐稳定，国力逐渐强大。

康熙帝当时还是一个年幼的男孩，但如果当时他不是用理智战胜了愤怒，把怨气压了8年，恐怕早就被鳌拜害死了，哪里还有后来的“康乾盛世”？

历史上，这样能委曲求全的人，着实不少。越王勾践也是如此，懂得克制自己，为了大局考虑，这才是真正的智慧，逞一时之快，发泄了自己的不满与愤怒，刚好中了对手的圈套，过早将自己的底牌亮出来，往往会在以后的交战中失败。

的确，一个理智、有修养的人不管遇到什么事情，不管别人如何“挑衅”，都会保持自己优雅的本色和清醒的头脑，会让理智驾驭自己的情绪，体现自己的大家风范。而相反的是，在怒火中燃烧的你，是否曾发现自己正中了别人的圈套而悔不当初呢？现实生活中，尤其是与人交涉的过程中，如果不学会控制自己的情绪，很容易暴露自己，而让对方看出你的破绽，采取相应的取胜措施。因此，控制自己的情绪，制造神秘感，是我们为人处世必须学会的一种能力。

可见，生活中，我们要懂得让步，低调处之，不可四处张扬，更要克制自己的情绪，让对方摸不着虚实，然后伺机而动，给对方来个措手不及，这往往是积累实力，最后不断走向强盛、扩展势力再反过来使对手屈服的一条有用的妙计。

当然，谁都有脾气，只是我们不能因为自己的脾气而暴露自己，让对手有机可乘，那么，你就应该掌握一些控制自我愤怒情绪的方法：

首先，你要先冷却情绪。

在气头上，你很容易就会被冲昏了头，而走上情绪的不归路，因此首要之务就是得先为自己的情绪降温，这话说来容易，该怎么做到呢？

有几个好方法，首先不妨试试“数数法”，不过不是从一数到十（这么做并不会启动理性中枢），而是该这么数（1、4、7、10……），这样一来，你的理性思考能力就可渐渐恢复了。

此外还有一个极佳的妙方：例如，“一、这个茶杯是黄色的……二、他穿的毛衣是黑色的……”，数十至十二项物体的颜色，之后你会发现自己冷静多了。

其次，你要学会替换非理性的“自发性念头”。

要想控制自己的愤怒情绪，我们就必须深切地了解到，真正导致你我情绪反应的，其实是我们的想法，而不是别人的行为。换句话说，不是发生了什么事，而是我们如何解释事件，才会决定产生的情绪。

例如，你可以告诉自己：“我知道我的能力是极佳的，不会因为你的一句话而影响我！”这样自我暗示，愤怒自然就无处可生，而会被其他情绪所替代了。

最后，你可以使用建设性的内心对话。

既然想法是导致情绪的主因，容易动怒的人就应该加强内心的想法，准备一些建设性的念头以备不时之需。

例如："不论如何，我都要平静地说，慢慢地说""我才不会生气，生气就等于暴露了自己"等。

当你能熟练运用这些灭火步骤时，你就会发现，无论与你交往的人如何激怒你，你都能平心静气地面对，也不会中了对手的圈套。

嫉妒是最危险的情绪之一

我们都知道，人是生活在一定的社会环境下的，在与人打交道的过程中，就会不自觉地与周边的人比较，比较之下，就容易产生嫉妒心理。诚然，我们应该肯定好胜心会给我们带来前进的动力。美国著名心理学家布鲁纳曾经指出，好胜的内驱力可以激发人的成就欲望。但如果不能正确地认识竞争就会导致我们在相互的竞争中产生嫉妒心理。嫉妒过于强烈，任其发展，则会形成一种扭曲的心理：心胸狭窄，喜欢看到别人不如自己，并喜欢通过排挤他人来取得成功。

有这样一则寓言故事：

古时候有个陶匠，他非常妒忌油刷匠。于是他去跟皇帝说，请皇帝派油刷匠把大象洗干净吧，他可以洗成白色的。皇帝就让油刷匠去把大象洗成白色。油刷匠说，我可以把大象洗成白色，但我需要一个大缸，好把大象放进去洗。于是陶匠就不得不领命去做大缸。但是大象太重了，每当大象踏进那缸，缸就马上碎掉。于是陶匠一次又一次做大缸，不停地做大缸……

看完这则寓言故事，我们不免嘲笑愚笨的陶匠，但其实我们人类何尝不是如此呢？很多时候，一些人因为怒烧的妒火而做出了害人害己的事。

日本《广辞苑》为“嫉妒”下的定义是：“嫉妒是在看到他人的卓越之处以后产生的羡慕、烦恼和痛苦。”要知道，嫉妒之心会毁坏友谊，损害人际关系，甚至毁灭生活的安逸。其实，嫉妒心理普遍存在人类社会中，你是否曾经有这种感觉，当你和比自己优秀，比自己强的朋友相处时，会产生心理不平衡——“和她做朋友，感觉自己像个小丑一样，简直是她的附属品”呢？如果你的内心充满嫉妒，那么，这样的友谊，表面上还相安无事，但你的内心已经开始有一块阴云笼罩着，一旦出现一些小事，就一触即发。两人之间的友谊会消失得越来越快。实际上，绝对的公平并不存在，如果你不能清除这种不平衡心理，你就不能以一种轻松的心态去面对你的朋友。

面对嫉妒心理，我们要结合自己的实际情况，找出克服嫉妒心理的对策，并有意识地提高自己的思想修养水平，这是消除和化解嫉妒心理的直接对策。

要克服嫉妒心理，你可以这样做：

1. 客观评价自己

当嫉妒心理萌发时，或是有一定表现时，如果我们能冷静地分析自己的想法和行为，同时客观地评价一下自己，找出一定的差距和问题，也就能积极地调整自己的意识，控制动机和情绪了。

2. 看到别人的优点

以这样的心态面对比自己优秀的朋友，不仅能学会用客观的眼光看自己和对方，也能弥补自己的不足，这样，就不至于为一点小事钻牛角尖，还能交到帮助自己成长的真正朋友。

3. 待人友善

对于青春期的你来说，人际交往在你的心理健康发展中非常重要，通过与人交往，你不仅能感受到关爱，还能通过他人的评价，及时地改正自己的不足，并且还能督促自己成长。同时，这对排解内心里的嫉妒心理也非常有利。

4. 学会接纳自己和完善自己

任何人都不可能十全十美，当然也不会一无是处。因此，你有必要接纳自己并完善自己。所谓的接纳自己，就是既能看到自己的不足，又能看到自己的优点，然后继续发扬自己的优点，改正自己的缺点。当然，你要相信自己是有价值的人，从而全力以赴地去实现自己的价值。

5. 让快乐治愈心灵

你要善于从生活中寻找快乐，就像嫉妒者随时随处为自己寻找痛苦一样。如果一个人总是想：比起别人可能得到的欢乐来，我的那一点快乐算得了什么呢？那么他就会永远陷于痛苦之中，陷于嫉妒之中。

6. 适度宣泄

嫉妒心理也是一种痛苦的心理，当还没有发展到严重程度时，用各种感情的宣泄来舒缓一下是相当必要的，可以说是一种顺坡下驴的好方式。我们可以采取向好朋友和亲人倾诉的方式，把心中的不快痛痛快快地说个够，暂求心理的平衡，然后由亲友适时地进行一番开导。

总之，嫉妒是一把利剑，这把利剑不仅可能会伤到别人，还会伤害自己。它刺向自己的心灵深处，伤害的是自己的快乐和幸福。俗话说："人比人，气死人。"人们在没有原则、没有意义的盲目比较中，心理失衡，引发嫉妒之心，而如果你能放下比较给你带来的枷锁，活出不一样的自我，那么，快乐就会如影随形。

冲动是魔鬼，后悔来不及

我们知道，人非草木孰能无情，人都是有情绪的。我们心情的好坏常常会被周围的一些人和事影响，有些人甚至是情绪化的，他们的情绪似乎总是不受自己控制，于是，他们起伏于这种恶性失衡之中，常常陷入自相矛盾的境地，失去了正确的判断力，而那些成功者则能做到自控，无论外界怎么变幻，他们总是能以理智的心态面对，有着很强的自律能力。

有这样一个故事：

曾经，一个经验丰富的高级间谍被敌军抓住了，他立即想到，要想逃脱，就必须装聋作哑。当然，敌军也怀疑他是否真的不会说话。于是，他们开始运用各种方法盘问他，无论是诱惑还是欺骗，他都不为所动。于是，到最后，敌军审判官只好说：“好吧，看起来我从你这里问不出任何东西，你可以走了。”

这个间谍当然心里明白，这只不过是审判官检验他是否真说谎的一个方法而已。因为一个人在获得自由的情况下，内心的喜悦往往是抑制不住的，如果他此时听到审判官的话后立即表现出很愉快或者激动起来，那么，证明他听得到审判官的话，那么，他就不打自招了。因此，他还是站在原地，仿佛审问还在进行。最后，这名审判官不得不相信，他真的不是间谍。

就这样，有经验的间谍，以他特有的自制力，保全了生命。

看完这个故事，我们不得不惊叹，多么精明的间谍。俗话说：态度决定一切。一个人的情绪糟糕，容易冲动，往往会把一切事情都办糟糕。即使遇到了好事和良机，也会因为不良的情绪，使自己产生出无形的压力，使自己的能力无法充分发挥，错过这些机遇。

生活中的人们，也要记住，在任何时候，冲动都是我们最大的敌人。如果忍耐能化解不该发生的冲突，这样的忍耐永远是值得的。

相传，勾践战败后，他接受了大臣文仲的建议，收买了吴国太宰伯丕，向夫差称臣纳贡求降，越王和王后到吴国给夫差为奴做妾。夫差答应了，却在吴国对勾践夫妻极尽羞辱，勾践在夫差面前一副感恩戴德、五体投地的奴才相，嘴里还感激夫差不计前嫌以德报怨，宽宏仁慈。勾践在夫差面前表现得十分恭敬，称自己为贱臣，小心翼翼，百依百顺。夫差要上马，勾践就跪下来让夫差踏在自己的背上。夫差生病了，勾践在夫差面前寝食难安，问病尝粪，嘴里一边吃着夫差的大便，还一边说出自己的忠诚之志："恭喜大王，大王的病就快好了。"

就这样，勾践以自己的忠诚打动了夫差，终于夫差下令让勾践回到越国。勾践回到越国之后，立志要报仇雪恨，他唯恐眼前的安逸消磨了自己的志气，于是在吃饭的地方挂上一个苦胆，每逢吃饭的时候，就先尝尝苦味，并问自己："你忘了会稽的耻辱了吗？"他还把席子撤去，用柴草当作褥子，这就是后人一直传诵的"卧薪尝胆"。

在吴王夫差面前，勾践简直跟奴才差不多，甚至比奴才更卑贱，不仅受到了夫差的百般侮辱，而且嘴里还感激夫差不计前嫌以德报怨，并自称“贱臣”。这样的姿态，比委曲求全更甚，自己所受的侮辱和苦难那不是普通人能及的，但勾践都一一忍耐了过来。其实，他之所以在夫差面前百般受辱，那是为了赢得夫差的信任，这样自己就可以早日回到越国去施行复国大计。那看似的委曲求全，实则是一个计谋，勾践早已经将整个计划运筹帷幄于手掌之间。于是，这才有了后面“勾践灭吴”的故事。

同样，在我们的生活中，也难免会遇上各种各样的事情，一遇到事情的时候可能也都会冲动，而做出一些自己都不知道该不该做的事情，因此也就会产生许许多多的埋怨。在不管遇到什么事情的情况下，都冷静地让自己思考一下，哪怕只是短短的几秒钟，也许结果完全不一样了。

总之，人生漫漫，你不要让自己输在心态上。心态决定人生，也决定了人的生活方式，懂得自制，能控制自己的情绪，就会控制由冲动带来的一系列恶性循环。

没有能力，就别有脾气

生活中，我们每个人所渴望的无非就是幸福，然而什么是幸福呢？其实，幸福很简单，它就是父母为你准备的热腾腾的饭菜，它就是恋人的一句耳边私语，它就是雨后的彩虹，就是一个笑话……幸福往往就是那些我们容易忽视的感受，需要我们用心感知。然而，我们生活的周围，人们似乎总是感知不到幸福的存在：他们有的整日愁眉苦脸，小小的事情就能使自己不安、紧张，几乎每一件事情，都会在心中盘踞很久，造成坏心情，影响生活和工作；有的脾气暴躁，一点小事就会触及他的神经，甚至与人怒目相向；有的总是不断抱怨生活，抱怨工作太辛苦、薪水太低；有的心眼如针，一旦发现他人犯错，便大加指责，咄咄逼人，引起别人的憎恶……这些人幸福吗？当然不！那么，他们为什么不幸福，因为坏脾气干扰了他们！因此，如果你渴望抓住幸福，那么，首先就应该学会控制自己的坏脾气，只有做到凡事淡然，待人处事宽容随和，才能以一颗平和的心态迎接幸福，也许这也就是人们常说的“脾气没了，福气有了”。

有三个人要被关进监狱3年，监狱长满足他们每人一个要求，美国人爱抽雪茄，要了三箱雪茄，法国人最浪漫，要一个美丽的女子相伴，而犹太人说，他要一部与外界沟通的电话。3年后，第一个冲出来的是美国人，嘴里鼻孔里塞满了雪茄，大喊：“给我火，给我火！”原来他忘了要火。接着出来的是法国人，已经孩子成群。最后出来的是犹太人，他紧紧握住监狱长的手说：“这3年来我每天与外界联系，我的生意不但没有停顿，反而增长了200%，为表感谢，我送你一辆劳斯莱斯！”

纳粹德国集中营的幸存者维克托·弗兰克尔说：“在任何特定的环境中，人们还有一种最后的自由，就是选择自己的态度。”

然而，现实生活中，却有一些人特别容易情绪化，遇喜则喜，遇悲则悲，如遇不满，甚至破口大骂，很多不文明的举动相继爆发出来，形象全无。事实上，日常工作和生活中，令我们生气的事实在太多，我们根本不必要去愤怒，我们大可以把关注的视角放在事物的另外一个方面，对这一方面的联想往往能使我们心平气和下来，长此以往，你便能修炼良好的心性。而所谓的心性，其实就是一个人的善恶成分，好与坏，正确与错误，如何判断自我与外界关系的一种综合反映。

事实上，心性好坏与否，对于他人而言，所产生的影响力倒是次要的，它最严重的是对个人心态的影响。而个人心态直接影响的是个人的命运、成败得失、是否幸福等。

心性健康的人，他们的眼里都是美好的事物，比如阳光、欢乐、温暖、健康，当他们遇到危险的时候，他们会有回避的能力，因此，他们有意愿并且有能力把日子过得顺心，就是遇到挫折，也能自我调整，能较自然地处在一种对事物的全面理解中。相反，那些心性不好的人，很明显，因为他们关注的视角不同，他们的生活是不幸福的。

当然，每个人都有不良的情绪，这很正常，我们不要把这些情绪压抑在心中，因为一味地压抑心中不快，只能暂时解决问题，负面情绪并不会消失，久而久之，就可能填满我们的内心世界，使我们的身心越来越疲惫。因此，除了自我调节和消化外，我们还应该给不良情绪找个宣泄的出口，让它尽快释放出来，正所谓“堵不如疏”，将负面情绪减小到最低程度。但释放自己的情绪，我们一定要注意你的发泄是否会影响到他人。因此，最好的方法就是到一个无人的地方大喊几声，或者去从事一些体力劳动，去操场锻炼身体，当你的这些心理压力通过身体上的能量转换成汗水以后，你会发现，你的心情会好很多，气也就顺些了。当你生气的时候，你也可以拿出你的小镜子，看看生气时候的你是多么难看，那么，不如笑笑，你笑，镜中也笑，苦中作它几次乐，怨恨、愁苦、恼怒也就没有了。

另外，通常来说，人们可能会认为，一个坚强的人就应该始终不能哭，哭是懦弱的。而其实并不是如此，在过度痛苦和悲伤时，哭也不失为一种排解不良情绪的有效办法。哭不仅可以释放身体内的毒素，还能释放能量，调整机体平衡。在亲人和挚友面前痛哭，是一种真实感情的爆发，大哭一场，痛苦和悲伤的情绪就减少了许多，心情就会痛快多了。流眼泪并非懦弱的表现。所以你该哭当哭，该笑当笑，但要把握好一个度，否则会走向反面。

总之，我们一定要学会修炼自己的心性，让自己拥有好脾气，当你能淡然面对周遭的一切事物时，好福气也就离你不远了。

别把忧虑藏心中，烦恼的事不会发生

生活中有很多让我们不顺心的事儿，我们可以以积极的方式发泄，但不要把这些事积压在心里，水满则溢，心事多了，你的心灵就会被忧郁占据，你还有什么快乐可言？更严重的，会出现心理阴影。梭罗有句诗：以前我只有眼睛，现在我有了视力；以前我只有耳朵，现在我有了听觉。做一个有视力和有听觉的人，人事纷繁，但我们要努力保有一颗清澈的心灵，时常将自己的心灵中的忧郁清除，我们就会快乐。

很多人的忧郁心情是因为没有用心去感受生活，会觉得生活索然无味，世界那么不公平。只要有心，你就会发现生活的美。放下忧郁，走出忧郁，你才能感觉这个世界的美好。

有个高中生叫张宁，正面临高考的他却陷入了抑郁之中。

“人最终是会死的，我所做的任何事情都没有意义，还不如现在就死了。”近半年来，他就一直被这种可怕的想法困扰着。以前喜欢运动的他，现在对任何事情都没有兴趣，甚至有轻生之念。

而对于家人考前的关心和照料，他也麻木了，父亲为了他的事经常奔波着，姐姐也经常打电话给他鼓励他，他的母亲发现了儿子的这种变化，把他带到了医院，原来他已经患了抑郁症。在治疗中，医生发现，原来几年前他就开始抑郁，但没有在意，经治疗，他终于摆脱了这种轻生的念头。

这样一个性格并不内向的男孩年纪轻轻就有轻生之念，归根结底，是他没有及时化解很小的心理忧郁问题，导致焦虑越积越严重，最终到了他不能承受的地步。因此，我们一定要将处于萌芽状态的它“斩草除根”，不然危害就会很大。

我们要走出抑郁的情绪，生活中的很多不顺心，我们要大事化小，别把问题放大，其实生活有它美好的一面。

一女孩在跟她的爱人结婚后，渐渐发现爱人身上原来有那么多缺点，全然不像结婚前那般无可挑剔，一天，在两个人又为一件小事生了气之后，女孩愤然跑回娘家。在家里，女孩的父亲找来一张白纸，用钢笔在上面画了一些黑点，问她：“这是什么？”答：“黑点”。父亲说：“你再仔细看看这是什么？”女孩看了半天，答：“还是黑点。”父亲说：“你错了，你拥有的本是一张白纸，可是你只注意到了这上面的几个黑点而忽视了整张白纸的存在。”女孩恍然大悟，此后，她和丈夫的生活过得平静而快乐。

的确，生活中的美好是占大部分的，可是因为我们放大那一点点瑕疵，只看到不美好，于是你的心情也随之抑郁了。

忧郁的人一般还会出现孤独、寂寞的心理，因为他们把自己尘封起来，不愿意接触身边的人和事，整日在自己的小世界里生存，生活自然也无意义。而如何快乐，就是应该放下忧郁，打开自己的心灵，发现自然的美好，发现生活的美好。

我们要乐观地对待周围的人和事物，不苛求完美，不钻牛角尖，学会换位思考和妥协忍让，碰到难题时不怨天尤人，而是想办法去解决它，不让自己纠缠在某件事中不能脱身，放下抑郁的情绪，树立自信心，从而达到真正的快乐。

下篇

人生随缘，顺其自然就好

第6章　凡事看开一些，才能活出自己

中国人常说："随缘吧。"这不是一种消极待世的态度，而是一种达观和不强求的淡然。的确，人生的聚散离合、成功失败皆因缘，缘分巧妙，却不为世人掌控。而生活中的一些人为什么会烦恼和痛苦？也皆因苛求缘分。新时代的人们，不妨洒脱一点，反思随缘，因为内心自在才可获得真正的快乐。

知足天地宽，贪得宇宙隘

"祸莫大于不知足""贪者，恶之大也""非智之不足，非技之不胜，利令智昏，贪婪之心，才是天下祸机之所伏"。不得不说，不知足是人性的一大弱点。这类人因为有错误的价值观念，存在极端的个人主义思想，常常会得陇望蜀，有了票子，想房子，有了房子，想位子，从不会满足。于是，他们陷入了无止境的欲求之中，一旦自己的欲求满足不了，就开始产生焦虑情绪，又有何快乐可言？

"知足才能长乐"，芸芸众生都知道这个道理，但似乎只有极少数人才能达到这个境界。所以，不知足的人不能感受到生活的乐趣所在，他们马不停蹄地追逐目标，却往往忽视了人生于世的终极目标是快乐。世上没有比快乐更可贵、更难得、更为人们所普遍追求的东西了。在俄国诗人涅克拉索夫的长诗《在俄罗斯，谁能幸福和快乐》中，诗人找遍俄国，最终找到的快乐人物竟是枕锄瞌睡的农夫。是的，这位农夫有强壮的身体，能吃、能喝、能睡，从他打瞌睡的倦态中以及打呼噜的声音中，无不飞扬和流露出由衷的开心。这位农夫为什么能开心?不外乎两个原因，一是知足常乐，二是劳动能给人带来快乐。

不管你是在温室中成长，还是在困苦中挣扎，欲望都会存在于你的心中，欲望可以成为我们的信念，支撑我们渡过难关，但是欲望也像鸦片，容易上瘾。皮埃尔·布尔古说过："人们常常听到这样一句话：'是欲望毁了他。'然而，这往往是错误的。并不是欲望毁了人，而是无能、懒惰，或糊涂。"

有这样一个故事：

从前，一家弟兄三人，老大是笨蛋一个，四十好几的人，还是光棍一条。整日里破衣烂衫，连一身像样的衣服都没有。有人问他："你最大的心愿是什么？"他情不自禁地脱口而出："要随我意，天天新衣。"

而老二，则是小康之家，衣食无缺。只是长相太丑陋，又找了一个比他还要难看的女人为妻。所以，当问到他的心愿时，他就迫不及待地说："要随我心，天天娶亲。"

而老三由于经营有方，再加上天资聪慧和时来运转，已经是远近闻名的富豪了。当人们问他有什么心愿时，他却毫不顾忌地说："要随我心，挖一窖金。"

这是个故事，但从中足可以深刻地看出人的贪婪之心。"人心不足蛇吞象"，多么贴切的比喻。贪婪之心，就像是一个恶魔，一旦附身，就会让人难以善终。仔细再想，其实我们每个人又何尝不是如此呢？

我们可以发现，有些大款虽然守着一堆花花绿绿的票子，守着一幢豪华的洋房，守着一位貌合神离的"天仙"，却未必能咀嚼到人生的真趣味。幸福不幸福，同样也不能用手中的"权"来衡量。有了权，未必就能天天开心。我们时常看见，有些弄权者为了保住自己的"乌纱帽"，处处阿谀逢迎，事事言听计从。失去了做人的尊严，哪里还有什么真正的开心？

有的人利用手中的权，拿公款大吃大喝，游山玩水，上歌厅舞厅，虽然获得了一时的感官刺激，找到了一时的开心，但却给自己带来了诉不完的懊悔。他们就像歌德笔下的浮士德，拿自己的灵魂去换取一段开心快乐的时刻，结果变成了傻瓜，他们最后失去的不仅仅是快乐和开心，甚至连生命也一起失去了。

我想，我们也应该好好反思一下到底什么是真正的快乐了，那么，我们怎样才能做到知足呢？

1. 警示自己

我们可以以前人的正反事例来警示自己。现实中的许多人，因为贪婪，以至于身败名裂，留下千古骂名，到头来后悔晚矣。我们要以这些事例时刻警示自己，消除贪婪心理。

2. 自我反思法

你可以拿出一张纸，然后在纸上连续20次用笔回答“我喜欢……”这个问题。回答时应不假思索，一口气回答完，限时20秒钟，等你全部写完后，你应该逐一分析哪些欲望是合理的，哪些是过分的，这样就可明确贪婪的对象与范围，最后对造成贪婪心理的原因与危害，作较深层的分析。

3. 常保知足之心

人们常说：“知足常乐。”“知足”，就不会心生邪念，而“常乐”也就能保持心理平衡了。

我们都是平凡的人，不可能做到无所追求，但生命只有一次，而且时间是有限的，人生在世只有短短的几十年而已。所以，每个人都应该珍惜自己的生命，在有限的时间里不要让自己太疲惫，要让自己过得快乐一点。人活一世为了什么？就是为了快乐，快乐是人生最大的财富。

人生本无常，一切随缘

在这个世界上，凡事不可能一帆风顺，事事如意，总会有烦恼和忧愁。当不顺心的事时常萦绕着我们的时候，我们该如何面对呢？“随缘自适，烦恼即去。”很多时候，我们若能做到凡事随缘，不刻意追逐，反而能获得“柳暗花明又一村”的意外惊喜。世间一切事物，皆有缘而来，也皆因缘而去，所谓：“塞翁失马，焉知非福。”所以，做自己该做的事，若自己已经尽力了，剩下的一切随缘。

其实，随缘并不是消极的心态，而是一种进取，是智者的行为。何为随？随并非跟随，而是顺其自然，是不强求、不刻板、不慌乱；随也不是随便，而是随机缘，不悲观，是一种达观和洒脱，是一份人生的成熟，一份人情的练达。而何为缘？世间万物的聚散皆是缘，缘存在于我们生活的每个角落，常言说，“有缘千里来相会，无缘对面不相识”就是这个道理，茫茫人海中，相遇是缘，离散也因缘尽，毕竟“天下没有不散的筵席”，缘是一种存在，是一个过程。

缘分如此巧妙，我们又何必强求呢？凡事随缘吧，抱着这样的心态，那么，即便事态如何发展，我们也不会扰乱心境。

和煦的春风里，师傅带着小和尚来到寺庙的后院，打扫冬日里留下的枯木残叶。小和尚建议说：“师傅，枯叶是养料，快撒点种子吧！”

师傅曰：“不着急，随时。”

种子到手了，师傅对小和尚说：“去种吧。”不料，一阵风起，撒下去不少，也吹走不少。

小和尚着急地对师傅说：“师傅，好多种子都被吹飞了。”

师傅说："没关系，吹走的净是空的，撒下去也发不了芽，随性。"

刚撒完种子，这时飞来几只小鸟，在土里一阵刨食。小和尚急着对小鸟连轰带赶，然后向师傅报告说："糟了，种子都被鸟吃了。"

师傅说："急什么，种子多着呢，吃不完，随遇。"

半夜，一阵狂风暴雨。小和尚来到师傅房间带着哭腔对师傅说："这下全完了，种子都被雨水冲走了。"

师傅答："冲就冲吧，冲到哪儿都是发芽，随缘。"

几天过去了，昔日光秃秃的地上长出了许多新绿，连没有播种的地方也有小苗探出了头。小和尚高兴地说："师傅，快来看呐，都长出来了。"

师傅却依然平静地说："应该是这样吧，随喜。"

这则故事告诉我们，人生无常，但只要我们保持内心平静，那么，无论外在世界怎么变化莫测，我们都能坦然面对，做到不为情感左右，不为名利所牵引。

德国的一位哲学家曾讲过这么一段话：没有什么情感比焦虑更令人苦恼了，它给我们的心理造成巨大的痛苦。因此，无论发生什么事，我们都要保持平常心，做到凡事随缘。

首先，我们不可过分在意得失，不过分看重成败，不过分在乎别人对自己的看法。我们要坚信：只要自己努力过，做了自己喜欢做的事，还有什么在心里放不下的呢？诚然，有时候，我们会遭遇一些恶劣的命运，但除了认清事实、勇敢接受外，我们还必须努力改变现状，争取走出困境，赢取美好的生活。

另外，我们还需要拥有一份平常心。人生不可能总是大红大紫，不可能总是处于巅峰状态，也有可能处于低谷，也可能遭遇不顺。但总体来说，人生是平淡的，对待平淡的人生，我们也应该让自己的心静下来。懂得了这个道理，得意时你才不至于猖狂；失意时，你才不至于绝望；孤独时，才不会心情惆怅。

大千世界，可谓是有事必有缘，如喜缘、福缘、人缘、财缘、机缘、善缘、恶缘等。万事随缘，随顺自然，这不仅是禅者的态度，更是我们快乐人生所需要的一种精神。随缘是一种平和的生存态度，也是一种生存的禅境。“宠辱不惊，闲看庭前花开花落；去留无意，漫随天外云卷云舒。”放得下宠辱，那便是安详自在。

人生的平淡和起起伏伏都是一种生命的轨迹，而只有内心平和的人才能体味其中的真谛，因此，我们不妨以平常心看待生活，用心去享受简单生活中的快乐、幸福！

珍惜拥有，做人最重要的是开心

生活中，我们常常听到身边的人抱怨道：“哎！工作太累，天天都有做不完的活，连喘口气的机会都没有！”“看看我们公司的那伙人，那是什么素质简直没法说！”“我们家那位一天只知道挣钱，连结婚纪念日都忘记了。”“我怎么就生了这么笨的一个儿子，学习上好像从来不用脑子。”……抱怨就像瘟疫一样在我们周围蔓延，愈演愈烈。其实，人们牢骚满腹，是因为他们不懂得珍惜，他们只看到生活不如意的地方，而没有把眼光放到美的一面。其实，只要我们学会珍惜当下所拥有的，幸福就会常伴我们左右。

张岚今年35岁了，和丈夫的婚姻也已经到了七年之痒的时候。这年，命运给她安排了一场突如其来的灾难，她后来常常想，如果没有这场灾难，也许她和丈夫早已劳燕分飞。因为当时他们已经没有任何在一起的理由——丈夫马上要出国，可以拿到几倍的薪水，而张岚也可以像时尚杂志中的单身贵妇一样再寻寻觅觅，找一个配得上自己身份和收入的男人。但命运不是这样安排的：

在丈夫即将出国前，她发现，她身边的任何一个女性朋友，无不是住着豪华别墅，丈夫也无不是行业内的精英或者大老板，而自己的丈夫只不过是技术人员，他的收入让自己过着不痛不痒的日子，这样的日子她已经受够了，同是名牌大学毕业，为什么自己和姐妹们的命运如此不同？

于是，她和丈夫不断争吵，但正如人们说的，“家和万事兴”，不兴，则祸事而至。一天，她在上班的路上，出了车祸，但她从医院醒来，她发现，身边那个男人已经泣不成声，那一刻，她发现了这个男人的好，她想起了他们恋爱的那些日子。

那时候，她是个害羞、胆小的姑娘，因为担心自己不够优秀，所以不敢去爱优秀的男孩；因为害怕将来失去，所以索性现在拒绝；但真的拒绝了，又怅然若失。直到有一天，她恍然大悟——她遇到一个男人，他们一起收养了一只小狗，再后来，他们相爱了。一次闲聊时，她问他："如果哪天出现了比我更好的女孩……"他说："如果有一天，你遇到了比现在这只小狗更可爱的……"她说："我不会的，这小狗跟了我那么长时间，我们有感情了。"他说："哦，原来你懂得感情。我还以为你不懂呢。"于是，很快，尽管遭到了很多人的反对，但他们还是结婚了。

直到那一刻，付出沉重得不能再沉重的代价，张岚才知道真爱是不可以算计的，因为人算不如天算——如果一个人爱你，他必须爱你的生命，必须肯与你患难与共，必须在你危难的时候留在你的身边而不是转过脸去。否则，那就不叫爱，那叫"醒时同交欢，醉后各分散"。那种爱，虽然时尚，虽然轻快，但是没什么价值。

这场车祸后，张岚在丈夫的照料下，很快康复了，他们之间的婚姻也"康复"了。

这个故事中，我们看到了一个结婚女人的心路历程。她应该感谢这场车祸，让她看到了自己的幸福，抛开了那些世俗的想法。

现实生活中，可能我们的周围有很多张岚这样的人，他们攀比后的结论就是抱怨：生活为什么如此艰辛，孩子为什么这么不听话，老板为什么要这么吝啬……好好的一天，好好的心情，就因为抱怨而蒙上阴影，这样的你幸福吗？当然不，那这种不幸福是谁造成的，是你自己！

其实，要想获得幸福并不难，只要我们学会珍惜，这样你会发现，我是个淳朴的人，我有着可爱的孩子，我的爱人对我很忠贞，这样，你还会羡慕那些浮华的生活吗？还会抱怨吗？

不得不承认，认为自己可以获得更多，总是苛求生活，是导致人们不快乐的主要原因之一，他们总要按照一个不切实际的计划生活，总是跟自己过不去，总认为自己时机未到，所以整天都闷闷不乐，而快乐的人则能看到生活中美好的一面，他们抱着知足的心，工作生活起来都开心、满足、有滋有味。因为他们懂得生活的艺术，知道适时进退，取舍得当。快乐把握在今天，而不是等待将来。事实上，我们每天可以做自己喜欢的事情，不在乎表面上的虚荣，凡事淡然，不苛求，那么，快乐、幸福就离我们不远了。

什么是幸福？幸福是一种心境，淡泊宁静，不计较得失，不在乎成败。这是一种睿智的生活态度和生活方式，是对现代文明压抑的一种反抗。

人不能改变过去，也不能控制将来，人能控制改变的只是此时此刻的心念、语言和行为。过去和未来的东西都虚无缥缈，只有当下才是真实的。因此，无论人的生命长久与短暂，人生的道路应该是宽阔有风景的，享受过程应该是愉快幸福的。我们每个人都应该珍惜每一天的到来。

实际上，一个人的人生坐标定在什么位置，就有什么样的幸福。最大的幸福莫过于好好活着，珍惜当下。人生在世，会经历许多事情，坎坎坷坷，酸甜苦辣。其实，幸福就在我们身边，是要寻找和创造的。

人生不要有太多的欲望

生活，本就是一个充满着复杂事物的名词。按照世俗的标准，人们在做事的时候，有成功，就有失败；有得意之作，也就有失意之作；有过艰辛，当然也有伴随着快乐的时光。成功如何？失败如何？其实，这些都是生活的插曲而已。“凡事顺其自然；遇事处之泰然；得意之时淡然；失意之时坦然；艰辛曲折必然；历尽沧桑悟然。” 这“六然”的句子，凝集了人生的处世智慧。然而，人们更愿意相信事在人为，当然，相信人的力量是积极向上的一种表现，但刻意的追求可能会带来失落、沮丧、遗憾等，以自然的心态面对，反而会收获满满！

据史书记载，距今一千四百多年前，我国南北朝时期的北魏，有一位名叫罗结的大将军，是个罕见的长寿者，终年120岁。他在谈长寿秘诀时说：“饮食有节，起居有常，作息有时，清心寡欲，少说多做，无忧无虑。”当时的太武帝听后欣喜地说：“大将军所言极是，世上许多美事，人们顺其自然，即不欲而得。”

中国十大寿星的长寿秘诀：一是饮食节制，二是起居规律，三是心胸宽广，四是家庭和睦，五是勤劳好动，六是遗传基因。

强扭的瓜不甜，强求的事难成，凡事顺其自然，无欲则刚，抱着这样的心态，淡然处之，有时候事态反而会朝着我们希望的方向发展。

一位少年一心想早日成名，于是拜一位剑术高人为师。他迫不及待地问师傅多久才能学成，师傅答曰：“十年。”少年又问如果他全力以赴，夜以继日要多久。师傅回答：“那就要三十年。”少年还不死心，问如果拼死修炼要多久，师傅回答：“七十年。”

这里，少年学成并非真的要七十年，师傅之所以如此回答，是因为他看到了少年的心态，少年可谓是不惜一切想尽快成功，但没有平和的心态，势必会以失败告终。渴望成功、努力追求都没有错，但渴望一夜成名的心态反而会使人欲速则不达。

其实，不光是这个少年，在现实生活中，也有一些急功近利的人，他们只追求速度，往往因为心态浮躁而把事情做砸。的确，我们都希望事情顺利，但实际情况与我们的主观愿望往往是有差距的，我们只有认识并学会调整这一差距，才能真正做到无欲无求，顺其自然。

当然，顺其自然，并不是要让我们消极待世，相反，它是站在更高层次来俯视生活的一种态度，是要鼓励我们对生活充满热情。

有这样一个年轻人，他认为自己已经看破红尘，于是，他什么都没干，每天只是懒洋洋地躺在树底下。

有一个智者见到此景，想开导他，于是就问他："年轻人，你这么年纪轻轻的，怎么不去工作、赚钱？"

年轻人说："没意思，赚了钱还是要花掉。"

智者又问："你怎么不结婚？"

年轻人说："没意思，现在多少离婚的？"

智者说："你怎么不交一些朋友？"

年轻人说："没意思，交了朋友弄不好会反目成仇。"

智者给年轻人一根绳子说："那这样吧，你干脆用它了结生命吧，反正也得死，还不如现在死了算了。"

年轻人说："我不想死。"

智者于是说："生命是一个过程，不是一个结果。"年轻人幡然醒悟。

这就叫"一句话点醒梦中人"。一个年纪轻轻的人，却变得老气横秋，什么都不愿尝试，对生活失去热情，这样，生命还有什么意义呢?

安诺德曾说：“世界上最糟糕的事，莫过于人类丧失了他的热情。只要仍保有热情，即使失去了一切，他仍旧能够东山再起。”热情的原意，是“神在其中”，我们原本都拥有它，而我们应该做的，便是使它重燃再现。

生活中的人们，现在我们来假想一下：如果你站在大树下，看蚂蚁为了一粒米粒，争斗得头破血流，你会想什么？如果你听到一只站在篮球上的蚂蚁说，这就是整个世界，你会想什么？如果你看到一只蚂蚁，坐在水盆中的树叶上，却以为坐上了航空母舰时，你会想什么？是可怜？是可笑？是可悲？还是可爱？或许有更高级的生灵也在那样俯视着我们。如果你能顺其自然，或许你可以让你的思想升到高空，也可以俯视大地。当人们都顺其自然了，那淡然、泰然、必然、坦然、悟然也就水到渠成，那人生何来得意、失意、艰辛、沧桑?

顺应形势，找准机会下手

生活中，我们常常听到机缘一词，所谓“机缘”，即是“机会”和“缘分”的意思，就是凡事不可强求，顺应自然，我们才能够心境平和、淡泊自然。诚然，我们总希望万事如意，但这只是我们的美好愿望，我们无法掌控事态的发展。因此，与其殚精竭虑，不如顺应机缘，这样，我们才会有个灿烂的好心情。

俗话说："命里有时终须有，命里无时莫强求。"生活对于每个人来说，蕴藏着无限的哲理与深意，要做到不为世事缠缚，洒脱自在，就必须对生活的要求不能太多。

生活中，常有人会有这样的感慨和迷惑："为什么他（她）不喜欢我了？""为什么要离开我？""为什么会是这样？"但若从机缘的角度看，不喜欢不需要任何理由，喜欢也不需要任何理由；理解不需要任何理由，不理解也不需要任何理由。缘分就是缘分，不需要任何理由。随缘不变，则是不违背真理。庄子妻死，他知道生死如春夏秋冬四季的变化运行，既不能改变，也不可抗拒，所以他能"顺天安命，鼓盆而歌"。不然，人死不能复活，再悲伤又有何用？人生在世，为了梦想免不了要奋斗拼搏，但爱拼未必就一定能赢，许多时候，我们的努力要么付之东流，要么收效甚微。这时，怎么办？最好的办法只能是随缘自适，淡看结果。因为很多事情你越想得到它，越汲汲以求，反而往往会越远离你，正所谓人生贵随缘，万事不强求。

如此看来，随缘实在不是放弃追求，没有原则，得过且过，听天由命，而是让人以豁达的心态去面对生活，尤其是追求的结果，因为有许多事情确实是个人的主观努力无法解决的，所以古人才有所谓“尽人事而知天命”的感喟。

“有缘即住无缘去，一任清风送白云。”人生当然要有所追求，求而得之，我之所喜；求而不得，我亦无忧。若如此，人生哪里还会有什么烦恼可言？苦乐随缘，得失随缘，以“入世”的态度去耕耘，以“出世”的态度去收获，这就是随缘人生的最高境界。

总之，如果你想活得辉煌，你就得活得痛苦些；如果你想活得随意，你就会活得快乐些。生活本身就是平淡的，花开花落，云卷云舒。如果我们都以花开花落的平常心态，对个人的荣辱得失泰然处之，做到自然而不牵强，自重而不炫耀，自信而不傲慢，自强而不失谦逊，这是何等的境界！

第7章　一切皆有定数，凡事不可强求

人世间充满了成败得失、荣辱功过，无数人为了这些而呕心沥血、殚精竭虑、机关算尽，但到最后，他们才发现，原来一切都是过眼云烟，最终都化为尘土，随风飘去了，留下的还能有什么呢？似乎都没有发生过。那既然如此，又何必苛求自己、强求他人呢？卸下这些束缚心灵的负担，凡事随缘，轻松愉快地走过这短短几十年的人世光阴，才是我们生命最本质的简单诠释！

别委屈自己，也别强求别人

我们都知道，人虽然是社会的人，但同时，人又是有差异的个体。每个人都有各自的阅历、各自的潜质、各自的特点、各自的生活方式，因此，没有两个完全相同的人，人们的想法和做事方式也就有了差异。我们绝不可将自己的想法强加于他人，更不能强求他人。曾经有这样一句话："道德是一种修养，不是一种权力，道德最适合拿来约束自己，不适合拿来压制别人。道德如果成为运动，也是'自己做'运动。"这句话也告诉我们要尊重他人。

一个学生向老师抱怨班里有某人特讨厌，总喜欢跟他比，影响了他的学习。

老师问这学生，你喜欢吃苹果吗，学生愕然，但还是回答："不喜欢，但喜欢吃雪梨。"

"你不喜欢吃苹果？"

"对。"

"那有没有人喜欢吃苹果？"

"当然有！"

"那你不喜欢吃苹果是苹果的错吗？"

学生笑笑："当然不是！"

"那你不喜欢他是他的错吗？"

"海纳百川，有容乃大"，包容是一种仁爱的光芒、无上的福分，是对别人的释怀，也是善待自己，更是让友谊长久的灵丹妙药。

然而，我们发现，生活中有这样一些人，他们总希望成为社交的中心，希望周围的朋友对自己言听计从，他们甚至希望可以支配他人的生活，不难想象，这类人的人际关系并不融洽。当然，也有一些人，愿意成为他们的支配对象，但无论如何，他们都会在享受掌控他人的"快乐"中逐渐迷失自我。

人际交往一个很重要的前提是要正确地了解人的本性，也就是说，要按照人的本质去认同他们，设身处地地认同人们，而不要用自己的眼光看待他们，更不能把自己的意志强加给别人。每个人的角度和体验不同，想法也就会有所不同，没有放之四海而皆准的真理。只有理解和尊重人性，才能与大众及现实和谐相处。

改变自己很难，改变别人则更难。既然知道改变自己很难，那么就不能再要求别人跟自己一模一样了。世界上没有两片相同的叶子，人也不可能踏进同一条河流，就更不要奢求别人和你思维、想法相同。天生万物，各有其理。英国思想家罗素说过："在和别人、即使是与自己最亲近的人的一切交往中，也应该认识到他们是从自己的角度看待生活的，触及的是他们的自我，而不是从你的角度、触及你的自我来看待生活。不应该期望任何人为了另一个人的生活而改变他的生活。"

我们应该克制支配欲，别想用斧子把人家雕凿成我们的样子。如果我们要求树根像果实一样作奉献，那就只好把它当作柴烧了。至于活生生的人，如果不是涉及大是大非的原则，只是涉及方式方法的问题，人人看问题都不一样，个个处理事情也不尽然，每个人心里都有自己的一把尺子，没必要对别人看不惯，更不能按自己的意志苛求别人。衡量别人的尺子长一些，自己的道路就会宽一些。

我们应该做的是，约束自己的某些行为，但却不能强制他人的内心，尤其是感情。丘吉尔就说过："世上有两件事最难办：第一，去爬一面倒向你的墙；第二，去吻一位倒向另一边的姑娘。"爱人和钱是人生中特别不能强求的两样东西，该是谁的就是谁的，不能强求。可人是感伤和怀旧的动物，人们较能接受迅速拉近的距离，却往往无法忍耐曾经天衣无缝的甜蜜之后的渐行渐远。

强求来的爱是不会长久的。如果一个人开始怠慢你，请你离开他，对这样不懂得珍惜交情的人不要为之不舍，更不必强求。在情感方面，强求别人就是舍弃尊严。当你舍弃尊严的时候，通常是得不到回报的。当一个人迫切地想要跟你分手，你就答应他吧！强求对方，这不是折磨对方，而是侮辱自己。迫切的人是留不住的，他根本不爱你，才会那样践踏你的尊严。既然他不爱你，就不要强求，就释放他吧，释放他的同时，也释放了你自己。

要求别人是很痛苦的，要求自己才有所快乐。而且改变自己是可行的、聪明的，尝试改变别人则是白费心机，就会显得愚蠢，还会自寻烦恼。凡事不必苛求，来了就来了；凡事不必计较，过了就过了。该是你的，躲也躲不过；不是你的，求也求不来。你对生活状况及别人的行为要求越少，你就越容易快快乐乐地过日子；待人坦诚而不苛求于人，自己就会快乐。

不跟自己较劲，才能通往幸福

我们任何一个人都知道，人无完人，但对于生活，却不能以同样的心态面对，总是希望生活可以过得更好，总是认为自己可以获得更多，总是苛求生活。而很多不快乐的人，他们痛苦的来源就是“把自己摆错了位置”，总要按照一个不切实际的计划生活，总是希望自己能成为他人眼中完美的人，于是，他们总要跟自己较劲儿，所以整天郁闷不乐。而快乐的人明智地摆正了自己的位置，工作得心应手，生活有滋有味。因为他们懂得生活的艺术，知道适时进退，取舍得当。快乐把握在今天，而不是等待将来。事实上，我们每天可以做自己喜欢的事情，不在乎表面上的虚荣，凡事淡然，不苛求，那么，快乐、幸福就会常伴我们左右。

我们再来看一个好学生的日记：

聪明、听话、成绩超棒、老师们都喜欢我……从小，我就是听着周围这样的赞扬长大的。周围的同学都很羡慕我，可又有多少人知道，我更羡慕他们。我知道自己并没有他们说的那么好，只是我比他们善于伪装。

有时，我也想放下伪装，和他们一样疯玩一阵，直到大汗淋漓才停下来休息。小学里，下午第二节课后有长达半小时的课间，教室里只能留下值日生，其他人都在操场上活动。老师不允许我们剧烈运动，回教室若看到谁面红耳赤、气喘吁吁，便让他们站在门口，直到恢复平静才能进教室。尽管如此，同学们依旧先疯玩20分钟，剩下10分钟休息。而我，每次捧一本书坐在一边，却看不进什么东西。其实我也想和他们一起玩，但是我害怕。我害怕同学们说“好同学也不过如此，只会在老师面前装乖”，我害怕老师说“一点好学生的样子也没有”。每次听着老师的表扬、同学们的羡慕或不屑之词，我一阵苦笑。

有时，我也想放下伪装，好好在周末休息，不往返于各种提优班之间。从小学三年级起，妈妈就提议问我是否要去上英语提优班。我真的不想去，其实我的英语学习才刚刚开始，我可不想基础还未扎稳就拼命跑。但是，我“很高兴”地答应了，妈妈也很高兴地为我报了名。于是，我越来越多的时间花在上课和写作业之间。纵然心中很无奈，但我知道我没有拒绝的权利。与其被动接受，不如主动迎接，这样起码妈妈是开心的。

有时，我也想放下伪装，轻轻松松地学习，无论成绩如何，不受其他人的过度关注。每次考试，我都会尽心尽力，我的成绩与名次受很多人的关注。我不敢有稍稍的懈怠，不敢让自己的成绩下滑。每次我考试成绩都很好，父母也很高兴，我看上去也很高兴，可只有我自己知道内心的苦涩。

可能这是很多学习成绩优异的孩子们的内心的声音，在荣誉光环的照耀下，他们不得不变成父母、老师眼中的乖孩子，但他们内心的苦涩、累、害怕失败，只有他们自己知道，也许，他们失去更多的是一个孩子真正的快乐。

其实，追求完美，这是一种追求进步的表现，如果人们都满足于现状，那我们将会止步不前。因此，可以说，追求完美并没有什么不好，相反，很多时候，精益求精对我们的能力、知识、经验等方面都大有益处。

那么，如果你是一个苛求自己的人，该如何做到自我调整呢？

1. 不要苛求自己

你不要总是问自己，这样做到位吗？别人会怎么看呢？过分在乎别人的看法就是苛求自己，你会忽略自己的存在。

2. 要改变自己的观念

你需要明白一点，世界上没有完美的事，保持一颗平常心并知足常乐，才是完美的心境。换一种新的思路，即尝试不完美。

3. 要改变释放方式

当你心情压抑时，你要选择正确的方式发泄，比如，唱歌、听音乐、运动等，并且，你要抱着一种享受的心情发泄，这样，你很快会感受到快乐。

4. 让一切顺其自然

不要对生活有对抗心理，过于较真的人，他们会活得很累，因此在思考问题时要学会接纳控制不了的局面，接纳自己所有的事，不要钻牛角尖。

5. 凡事皆有度

什么事情都会有个度，追求完美超过了这个度，心里就有可能系上解不开的疙瘩。我们常说的心理疾病，往往就是这样不知不觉出现的。对待自己的错误不依不饶的人，总是不想让人看到他们有任何瑕疵，给人的感觉是过分宽容，看似开朗热情，其实活得很累。

6. 失败的时候，请原谅自己

想一想，如果你的好朋友经历了同样的挫折，你会怎样安慰他？你会说哪些鼓励的话？你会如何鼓励她继续追求自己的目标？这个视角会为你指明重归正途之路。

因此，我们每个人都要记住，再美的钻石也有瑕疵，再纯的黄金也有不足，世间的万物没有纯而又纯和完美无瑕的，人也不例外。我们每个人都不可能一尘不染，在道德上、在言行上都不可能没有一点错误和不当。人总是趋于完美而永远达不到完美。因此，我们每个人不要对自己和别人作过高的不切实际的要求，我们都是凡人。

怀有平常心，幸福自然来

我们都知道，人生在世，谁都不会事事顺心，多半时候还都会遇到不顺心的事。此时，如果我们自暴自弃，那么，人的一生就是失败的。而如果我们能抱着一颗平常心，那么，我们看到的也许就是事物美好的一面了。

罗丹说："这个世界不是缺少美，而是缺少发现。"我们都有一双眼睛，用来看世界，但我们的世界观、对世界的认识都是不同的。我们还有另外一双眼睛，它是长在心上的，那就是思维的角度。它比自然造化的那双眼睛更为重要，因为它还能告诉我们：如何看自己、如何看世界。那就是"要拥有一双发现美的眼睛"。的确，生活的快乐与否，完全取决于个人看待人、事、物的角度。多从积极的一面看待世界，那么，世界就是美好的。

卡耐基曾经遇到过这样一个女士：

这位女士一见到卡耐基，就开始抱怨，先是她的丈夫，她说她的丈夫不好好工作，接下来，她又开始抱怨她的孩子，说她的孩子不好好学习。总之，她有很多不满意的地方。等她抱怨完了，卡耐基对她说："这位女士，您太追求完美了。"听到这句话后，她非常吃惊地看着卡耐基，过了好一会才说："卡耐基先生，您认为我非常追求完美吗？可我并不这样认为啊！而且像我这样相貌也不好、学历也不高的女人，根本不会去追求完美的。"

卡耐基说："您刚才跟我介绍过你的情况，你想想看，你的丈夫现在才三十几岁，却有了自己的公司了，这已经是成功人士了，你为什么还认为不够好呢，而您的儿子，他才小学四年级，每次也能考个不错的成绩，您又为什么不满足呢？不也是在追求完美吗？"听了卡耐基的话后，那位女士很长时间都没有说话，最后接受了卡耐基的说法。

其实，生活中有很多这样的人，他们总是对生活现状不满，总是不断追求完美，有的人表现为对自己要求特别严格，而另外一些人则对别人非常严格，但总体表现就是看不到生活中美的一面，他们的脸上总是愁云密布，其实，如果他们能转个角度，那么，生活中便处处充满美好。就如上文中那位女士一样，在卡耐基的点拨下，她看到了“儿子学习成绩不错”，“丈夫事业有成”这两点。

有位哲人曾经说过：孩子一出生就是哭泣的，因为他们知道自己将要面对很多的苦难。诚然，在我们的生活中，也是充满了各种各样的苦恼。家人身体不健康、工作不顺利、失恋、失业、求职碰壁等，所有这些烦心事都让人头疼无比。遇到这些事情的人，我们可能会产生坏心情，可能会抱怨、生气等，但这些负面情绪都对事情的解决毫无益处。古希腊先哲埃比提德曾经说过：“骚扰我们的，是我们对事物的意识，而不是事物本身。”这句话就是要告诉人们，坏情绪不能帮助你解决任何问题，还会为你带来很多莫名的苦恼。有句俗话叫做：兵来将挡、水来土掩。就是说，无论到了什么样的境地，遇到了什么困难，我们都不必苛求自己，苛求事态，我们要做的就是顺其自然，以好心态面对，路就在脚下。

真正的幸福，不是过去，也不是未来，而是抓住现在手心里的幸福。不要认为别人的人生就一定会比你更好，你不是那个人，其实每个人的人生都不会比你更容易，做好自己的角色，这样就会拥有一个属于自己幸福的人生。

尽情享受过程，不强求结果

生命是个奇怪的东西，自打我们来到人世，似乎就在为所谓的幸福努力着，于是很多人毕生都在奋斗，努力地证明自己生命的不凡。有的人选择了用事业上的成功来证实，有的人用不断争取来的权势来证实，有的人凭借巨额财产来证实，有的人用满腹的才华来证实……有的人成功了，也有一些人失败了，其实，凡事我们都不应该强求结果，也不必去证明什么，否则，我们就会给自己施加太大的压力。而我们也只有秉持凡事随缘的态度，才能更好地走好前方的路。

从前有一位神射手，名叫后羿。他练就了一身百步穿杨的好本领，立射、跪射、骑射样样精通，而且箭箭都射中靶心，几乎从来没有失过手。人们争相传颂他高超的射技，对他非常敬佩。

夏王也从臣民的嘴里听说了这位神射手的本领，也目睹过后羿的表演，十分欣赏他的功夫。有一天，夏王想把后羿召入宫中来，单独给他一个人演习一番，好尽情领略他那炉火纯青的射技。

于是，夏王命人把后羿找来，带他到御花园里找了个开阔地带，叫人拿来了一块一尺见方，靶心直径大约一寸的兽皮箭靶，用手指着说：“今天请先生来，是想请你展示一下您精湛的本领，这个箭靶就是你的目标。为了使这次表演不至于因为没有竞争而沉闷乏味，我来给你定个赏罚规则：如果射中了的话，我就赏赐给你黄金万两；如果射不中，那就要削减你一千户的封地。现在请先生开始吧。”

后羿听了夏王的话，一言不发，面色变得凝重起来。他慢慢走到离箭靶一百步的地方，脚步显得相当沉重。然后，后羿取出一支箭搭上弓弦，摆好姿势拉开弓开始瞄准。

想到自己这一箭出去可能发生的结果，一向镇定的后羿呼吸变得急促起来，拉弓的手也微微发抖，瞄了几次都没有把箭射出去。后羿终于下定决心松开了弦，箭应声而出，“啪”的一下钉在离靶心足有几寸远的地方。后羿脸色一下子白了，他再次弯弓搭箭，精神却更加不集中了，射出的箭也偏得更加离谱。

后羿收拾弓箭，勉强赔笑向夏王告辞，悻悻地离开了王宫。夏王在失望的同时掩饰不住心头的疑惑，就问手下：“这个神箭手后羿平时射起箭来百发百中，为什么今天跟他定下了赏罚规则，他就大失水准了呢？”

手下解释说：“后羿平日射箭，不过是一般练习，在一颗平常心之下，水平自然可以正常发挥。可是今天他射出的成绩直接关系到他的切身利益，叫他怎能静下心来充分施展技术呢？看来一个人只有真正把赏罚置之度外，才能成为当之无愧的神箭手啊！”

我们应当从后羿身上吸取教训，面临任何情况时都应尽量保持平常心。

“宠辱不惊，看庭前花开花落；去留无意，望天空云卷云舒”，这份闲散与安逸，对于现代社会的人们来说，或许真的是一种奢望。每个人都有决定自己生活的权利，何必把自己搞得那么累。放慢你的脚步，尽情地呼吸，尽情地欢笑，让生活中多一些温馨，生命少一份遗憾。有人说，旅途是繁忙的，必须抓紧时间赶路；有人说，旅途是悠闲的，应该缓缓而行；还有人说，旅途的终点是归宿，何来紧迫与悠闲……

据说，苏格拉底曾与人相约去爬山。那人一路赶来，气喘吁吁，姗姗来迟的苏格拉底便问：“你来的路旁有什么吗？”“我不清楚，我只顾向前。”那人沮丧极了。于是，苏格拉底便拍拍身上的尘埃，娓娓而谈：“真是太遗憾了，我已经欣赏完了沿途风光。”苏格拉底的话看似平常，却蕴含了无限道理。是啊，在前进的时候，请放慢你的脚步，去欣赏两边的风景，或许会有一番“惊喜”。

的确，事物的过程与结果，我们更看重的应该是过程。努力过、欣赏过沿途的风景，这才是最为可贵的。然而，要真正做到不强求事物的结果，还需要我们保持一颗平常心。保持一颗平常心，是人生的一种智慧。有一颗平常的心，才能正视现实，甘于平庸；才能不骄不躁，顺其自然；才能拿捏好尺寸，把握幸福。

所以，生活中的人们，我们应该看淡事物的结果。人世间的事物，来来去去，本就没有一个定数，我们不能左右世事，但可以左右自己的心。当我们拥有时，我们要懂得珍惜，失去时，也不可过分执着。人有悲欢离合，月有阴晴圆缺，以一份淡然的心面对，我们的心会释然很多。

爱而不得时，请别强求

生活中无不存在着得与失、进与退、坚持与放弃、去与留、成功与失败，面临着一个个主动或被动、有意或无意的选择、巧合和错过。有得必有失，有失也会有得。有时候，得到的未必是不好的，或者说不是最适合你的，也未必长久；失去的也未必是好的，是你最想要的，也未必昙花一现。爱情正是如此。爱情是世间最美好的事物，因此才引得人们追逐，但爱情应该是世间万物自然孕育而成，它本来是无形的，所以不能刻意给它总结答案。爱的自然性认为爱情首先要以宽松为基准，然后它才是快乐的。爱情它源于自然，只有这种自然而生成的爱恋才会更持久。爱情会遁形于我们内心的深处，只有融入到我们心灵深处的爱才是最美丽的事物，所以，我们绝不可强求爱情，应爱得轻松，当爱情不再时，也不可爱得愚痴，越是随意的情感才会让人心情放松。

他和她是大学同学，大一那年，他们就恋爱了，他很会照顾她，她像一只小鸟儿一样偎依在他的身旁。毕业后，看着周围的同学都劳燕分飞，为了巩固他们的爱情，他们决定马上结婚。这件事一直成为同学和朋友们广传的佳话。

毕业后，他们在父母的资助下，办起了自己的工厂，两人小日子过得越来越好。后来，有了孩子后，他便让她专心在家照顾孩子，她做起了全职太太。她的生活从此变得单调起来，开始胡思乱想。有时候，只要他一天不回家，她就开始担心他是不是和别的女人在一起，而只要他一回家，她就翻看他的电话记录，他的神经也被她弄得紧张起来。最可气的是，经常当他在开重要的会议时，他的电话会响个不停。长此以往，他觉得她变了，他和她在一起，也累了。于是，他准备离婚。当他向她提出这点的时候，她什么都没说。而第二天，当他回家的时候，却发现，她已经吞食了一大瓶安眠药。

我们不免为故事中的女主人公而感到惋惜。事实上，我们生活的周围，像这样为爱放弃生命的案例并不鲜见，他们把全部的精力投入了爱情中，以至于迷失了自己。

的确，生活中，有太多对于爱情执着的人。爱是一种那么模糊的东西，你说不明白它到底是什么。它或许是你早晨睁开眼睛的一个微笑，或许是你杯子里热腾腾的绿茶，或许是恋人的一个脉脉的眼神，或许是爱人在你肩头的一个细微的抚摸，或许是深夜孤独时的美丽的灯光，或许是你寂寞时的一个短信的祝福……

你不能说明白到底是什么，但是它却在你的身边环绕着。爱有很多种，有的你可以直接感觉到。比如对爱人的牵挂，对孩子的亲昵，对老人的惦念，对朋友的祝福。但是这个世界上还有一种爱，你抓不到，看不见，它只能在你内心的深处，静静地，在你的内心里泛着波澜。那种爱，你不可以把它拿出来，在阳光下曝光，不可以把它当成你生命旅程的伴侣，因为这种爱，叫做放手。

那强求来的爱，或长或短，总会离散。那本不属于自己的人，最终总会走远。你对佛说："为什么属于我的爱我得不到，为什么让我那么悲伤。为什么执着的我那么受伤害。"佛说："有一些东西本不该属于你的，有一些东西只要你曾经拥有过，就应该叫做幸福。因为有一种爱叫做放手。"

任何人，只有结束不适合自己的恋情，才是一种解脱，才能给自己机会，重新寻找新的幸福。

其实，在我们的生活中，有一些东西是不属于我们的，就如道路两边的行道树，只能远远相望着，永远不能牵手。其实远远相望也是美丽的。美丽的欣赏、美丽的相望、美丽的祝福，这就是爱。这种爱就叫做放手。

我们都是平凡的红尘男女，挣不出爱恨纠缠的情网，逃不出爱与被爱的旋涡。心碎神伤后，是漫无止境的寂寞。寂寞吗？或许吧。但是细细体会寂寞后的洒脱，想想除他以外的快乐，想想再也不用为了猜测他的心思而绞尽脑汁，会不会轻舒一口气，感觉轻松一点？

第8章　顺其自然就好，心安自然快乐

人之所以痛苦是因为追求错误的东西，占有欲是每个人内心都潜在的东西，我们可以有，不过那不能成为我们的武器，也不能成为自己的理由。生活本来是没有烦恼的，一旦心中的欲望之火被点燃之后，烦恼就来敲你的心门；生活本来是没有痛苦的，当你开始计较得失，贪求更多时，痛苦便来缠身。

痛苦，在于追求了错误的东西

生活中，有的人之所以活得痛苦，那是因为他追求了错误的东西，错把别人的生活当作自己的幸福，错把金钱、权力当作自己的幸福。在他们的眼里，有了房子才有安全感，于是就为了别人所定义的“安全感”背上了十年二十年的债务，节衣缩食，心不甘、情不愿地当起了房奴；在他们眼里，在高级餐厅里约会才是最浪漫的，于是就将这当成一种美好生活的向往，宁愿吃方便面也要勒紧裤带去潇洒一次；在他们眼里，没去过健身房就不够时尚前卫，于是我们就赶紧去健身房报名，学那些自己并不感兴趣的课程，只是为了达到别人所定义的“幸福生活”。但那些生活真的属于自己吗？为什么即便我们达到了这样的生活标准还是不快乐呢？究其原因，在于我们与自己较真，总是一味地追求那些不属于自己的错误的东西，就好像我们穿着不合尺寸的衣服，不是嫌太大，就是嫌太难看。

从前，有个百万富翁，每天让他劳神费心的事情跟他拥有的财富一样多。所以，他每天都愁眉紧锁，难得有个笑脸。

百万富翁的隔壁，住着磨豆腐的小两口。曾有谚语说，人生三大苦，打铁、撑船、磨豆腐。但磨豆腐的这小两口却乐在其中，一天到晚，歌声、笑声、逗乐声不断地传到百万富翁的家里。百万富翁的夫人问老公：“我们有这么多钱，怎么还不如隔壁家磨豆腐的小两口快乐呢？”百万富翁说：“这有什么，我让他们明天就笑不出来。”

到了晚上，百万富翁隔着墙扔了一锭金元宝过去。第二天，磨豆腐的小两口果然鸦雀无声。原来这小两口正在合计呢！他们捡到了“天上掉下来的”金元宝后，觉得自己发财了，磨豆腐这种又苦又累的活儿以后是不能再做了。可是，做生意吧，赔了怎么办；不做生意吧，总有坐吃山空的一天。丈夫心里还想，生意要是做大了，是该讨房小的呢，还是该休了现在这个黄脸婆；妻子则在琢磨，早知道能发财，当初就不该嫁给这臭磨豆腐的。寻思呀，琢磨呀，之前很快乐的小两口现在谁也没有心思说笑了，烦恼已经开始占据他们的心。更令小两口痛苦的是，为什么天上不能多掉几个金元宝呢，这样就能想买什么就买什么了啊？

人之所以痛苦，在于追求错误的东西；人之所以烦恼，在于对生活舍本逐末。诸如财富、地位、名利，这些让许多人欲罢不能的东西，实际上只是生活的装饰、生活的虚相而已，并不是生活本身。遗憾的是，许多人把生活的重点放错了，忘记了此生的目的，把心思都放在了追求错误的东西上，那么痛苦自然是无法避免的。

一只来自城里的老鼠和一只来自乡下的老鼠是好朋友。有一天，乡下老鼠写信给城里的老鼠说："希望您能在丰收的季节到我的家里做客。"城里的老鼠接到信之后，高兴极了，便在约定的日子动身前往乡下。到了那里之后，乡下老鼠很热情，拿出了很多大麦和小麦，请城里的好朋友享用。看到这些平常的东西，城里的老鼠不以为然："你这样的生活太乏味了！还是到我家里去玩吧，我会拿很多美味佳肴好好招待你的。"听到这样的邀请，乡下老鼠动心了，就跟着城里老鼠进城去了。

到了城里，乡下老鼠大开了眼界，城里有好多豪华、干净、冬暖夏凉的房子，看到这样的生活，它非常羡慕，想到自己在乡下从早到晚，都在农田上奔跑，看到的除了泥土还是泥土，冬天还要在那么寒冷的雪地上搜集粮食，夏天更是热得难受，这样的生活跟城里老鼠比起来，自己真是太不幸了。

可是，到了家里，它们爬到餐桌上享用各种美味可口的食物。突然，咣的一声，门开了。两只老鼠吓了一跳，飞也似的躲进墙角的洞里，连大气也不敢出。乡下老鼠看到这样的势头，想了一会儿，对城里老鼠说："老兄，你每天活得这样辛苦简直太可怜了，我想还是乡下平静的生活比较好。"说罢，乡下老鼠就离开城市回乡下去了。

我们的生活是自己过，而不是给人看，别人生活的标准并不一定就真的适合自己。因为生活的幸福和快乐是属于自己内心的一种感觉，如果只是迎合别人的取向，这样难免会苦了自己。那些苦苦追求不属于自己生活的人，他们与自己的心灵对峙着，换而言之，他们总是与自己较真，越是不属于自己的，越是需要去尝试。在羡慕嫉妒的过程中，他们浑然忘记了自己原本美好的生活，而是将别人的生活当成是自己生活的标准。

我们总是向往着这样的生活：条件优秀的老公、可爱的孩子、宽敞的房子、豪华的轿车、稳定的工作。在我们看来，似乎这样的生活才是最幸福快乐的，但这样的生活适合自己吗？较真，有时候就是自己的外在与内心互相对峙，明明这是心里不喜欢的，但却为了迎合别人的眼光，而刻意将自己的生活变得乱七八糟。所以，放下对别人生命羡慕嫉妒的眼光，放下内心的固执与较真，学会享受生活所带来的快乐与宁静。

正确的方向，比努力本身更重要

美国著名石油大亨亨特，曾在阿肯色州种过棉花，却以失败告终，后来却成为了有钱人。有人问他成功的秘诀，他说："成功只需两个条件：第一，问自己到底要什么，而多数人却不知这么做；第二，要有非成功不可的决心，然后朝着这个目标努力。"他的话道出了一句真理：做任何事情，方向永远比努力更重要，假如你方向都错了，那再多的努力都是白费。对于"看得开"这件事，也是这样，面对生活中的悲伤、烦恼，要想看得开，首先要找准一个方向，那就是积极向上的心态。

有一天，无德禅师遇见三位信徒，他们向禅师询问道："信佛真的能解除痛苦吗？如果是真的，那为什么我们信佛多年却还是不快乐呢？"无德禅师说："你们为什么要活着？"

思考了片刻后，甲说："我活着是为了不死，死亡太可怕了，我不想死，所以我要活着。"

乙说："我活着是为了现在努力劳动，老的时候能享受丰裕的生活。"

丙说："我活着只是为了能养活一家老小，没有我他们就无法生活，我是一家的顶梁柱，缺了我，这个家就要崩溃。"

禅师说："你们整天想着死亡、年老、辛劳，又怎么能够快乐呢？你们应该想到理想、信念和责任，想着这些你们就会快乐！"信徒们对禅师的话半信半疑，说："这些说着容易，实际上它能当饭吃吗？没有饭吃怎么能快乐呢？”

禅师说：“那你们说拥有什么才能够快乐呢？”

甲说：“拥有名誉就拥有了一切，所以拥有名誉就能够快乐。”

乙说：“爱情是最甜蜜的，拥有了爱情，就能够快乐。”

丙说：“金钱最有用，拥有了金钱，就能够快乐。”

禅师说：“为什么世上有那么多拥有了名誉、金钱和爱情的人，还是很烦恼呢？”

信徒们无言以对。

既然有了爱情、金钱、名誉会快乐，为什么那么多人拥有了这些东西还是会烦恼呢？那是因为他们在“看得开”这条路上未能找准方向，他们总是倾向于把事情往消极的方向看。不幸与幸福、痛苦与快乐就好像是硬币的两面，不幸与痛苦在正面，幸福与快乐就会被转到反面；当你把幸福与快乐放在正面的时候，不幸与痛苦也就离开了我们的视线。

是否看得开，全在于你心的方向，而不在于我们怎么去让自己不烦恼。烦恼这东西很奇怪，你越是努力不烦恼，越是烦恼；假如你置之不理，反而将一切烦恼都看开了。生活的幸与不幸，在于你心里是怎么想的，眼睛是怎么看的。一个人心里朝的方向是积极乐观的，想的是快乐的事，眼睛只关注快乐的事情，他就会变得快乐；心里朝的方向是消极的，心里想的是伤心的事情，眼睛只看到悲惨的事情，心情就会变得灰暗。

老禅师外出云游，借宿在一个老婆婆家里。一连几天，这个老婆婆都在不停地哭。老禅师很纳闷，便问她："你为什么整天都在哭呢？有什么伤心事呀，可以告诉我吗？"

老婆婆说："我有两个女儿，大女儿嫁给了卖布鞋的，小女儿嫁给了卖雨伞的。天晴的时候，我就会想到小女儿的雨伞一定卖不出去，所以忍不住要伤心；下雨的时候，我就会想到大女儿，雨天会没有顾客上门买布鞋，所以会流泪。"

老禅师说："原来是这么回事，你这样想不对呀！"老婆婆说："母亲为女儿担心，怎么会不对呢？我知道担心也没有用，但就是控制不了自己啊！"老禅师开导她说："为女儿担心是没有错，可是你为什么不为女儿们开心呢？你想想，天晴的时候，你大女儿的布鞋店一定生意兴隆；下雨的时候，你小女儿的雨伞肯定十分畅销，你应该天天为她们开心才对呀，怎么会难过呢？"

老婆婆听完老禅师的话，豁然开朗。从此，每当想到两个女儿时，无论晴天还是雨天，她都是笑嘻嘻的。

换一个方向看问题，事情就完全变了样。人生不也正如此吗？许多人因为方向没摆正，结果努力了半天也摆脱不了烦恼，最后还是落得个"看不开"。他们只看到了别人拥有的，却很少想想自己已经把握住了的，于是就认为只要自己拥有了别人拥有的，就一定能幸福快乐，却不知幸福还是不幸，快乐还是悲伤，全在于你的心朝哪个方向，心里怎么想。

是否看得开，全在于方向，而非努力。当我们面对不利处境或对面临的问题感到无能为力的时候，烦恼与忧虑就产生了。实际上，尽管改变不了外部环境，我们还是可以决定自己心所属的是哪个方向，是积极还是消极，是乐观还是悲观。找准了方向，不用费多大的劲儿，我们就可以远离烦恼。

人生要懂得停止，才懂得如何加速

著名职业规划师林少波先生曾说："生活需要冲，更需要缓冲；成功需要快，更需要愉快。"现实生活中的人们，不仅赚钱要急，每时每刻都要急，都等不得，都不肯给自己留下空白。我们经常可以看到这样的现象：人们过马路时很着急，不等绿灯就走；上电梯着急，等不得自动关门；学习着急，买个文凭算了；写书着急，抄袭时直接粘贴就行了；出名着急，非要一个晚上红遍全世界；挣钱着急，分秒必争。平时寄信，最好是特快；拍照，最好是立等就取；坐车，最好是高铁；坐飞机，最好是直航；做事，最好是名利双收；创业，最好是一夜暴富。在这个"时间就是金钱，效率就是生命"的社会，我们的追求是无止境的，我们总是坚韧不拔，勇往直前。然而，我们的心灵却在忙碌中疲于奔命，点滴的乐趣也在这一连串冲刺中被自己无情地剥夺了。我们忽视了，人生需要缓冲，更需要减速带。

这是一位白领的自述：

年初，因为同学小沈从英国归来，几个好朋友一起聚会，期间说到职场加班，每个人都有本难念的经。小沈说："一年买车，二年买房，三年买棺材。这是我在英国银行工作得出的结论，从早上7点到晚上11点泡在银行，家的概念只是一张床。面对高强度、高压力的工作，我毅然选择辞职回国。"

我去机场接她的时候，人瘦得只剩下皮包骨，满脸痘痘，左手一张硕士证书，右手一张10万英镑的银行卡。她惨淡地说："现在好了，总算把出国留学的费用给赚回来了，也可以对爸妈有个交代了。"说起找工作，小沈摇摇头，表示自己需要休息一段时间，现在的她真是身心疲惫。

同学小东，某重点大学硕士毕业，在一家与通信业相关的国企做市场，也开始大倒苦水："上司经常在快下班时，扔过来一堆文件、报表，还要求第二天上午必须交，上司有令不敢违，我只能咬牙坚持下来。"

说到我，我在一家国企上班，拿着我所在城市的中等收入，朝九晚五，比起他们来，我即便偶尔有加班也在承受范围之内。面对激烈竞争，面对生活，加班算什么？只要不进"棺材"，一切都是可以忍的。

就个人而言，许多人愿意牺牲健康、自由，只为获得高薪。最近在网上的一项调查很能说明问题。假如一份工作月薪是1万元，不过压力巨大，每天需要你持续工作至少10个小时，晚上睡觉时使你经常从梦中哭醒。这样的工作，你做不做？对此，有71%的人选择：当然做，只要待遇好！假如用500万元换你10年，你换不换，有52%的人表示：我换，最好拿现金。一味地冲刺，诚然会让我们名利双收，但却给我们留下严重的后遗症。

复旦大学的年轻教师于娟，在治疗癌症的15个月内反思自己的“年轻人生活”：希望晚睡，10年来不曾在12点以前睡过；经常突击作业，信奉自己是那种不到死亡激发不出学习热情的人。得了癌症之后，她才知道自己肝脏几个指标偏高，肝功能不好就不能继续化疗。这时她才明白，熬夜直接危害肝脏。生命需要缓冲，更需要减速，不仅为了身体的健康，而且也为了沿路的美丽风景。

小张是国内第一批注册会计师，几年前已经是一家大型上市公司的副总。不管事业、社会地位还是经济基础，他都遥遥领先于同时毕业的其他同学。

最近，他突然跟朋友说，自己调到一个小公司去了，做会计主管，连管理层都不是。朋友惊讶，出什么事情了？小张微笑着说：“什么事情都没发生，这些年自己一直被环境逼着高速奔跑，身心疲惫，有时甚感痛苦迷茫。所以，想换种生活，低速慢行，活得优雅些、清静些、简单些，感受另外一种人生滋味。”

人生就好像行车一样，不管在什么时候，首先需要我们看清前面的方向，明白自己想过一种什么样的生活，想达到什么样的目标。如果心中没方向，胸中没理想，任意地随潮流加速冲刺，结果可能会南辕北辙，离最初的目标越来越远。

一个牧师曾经在他的布道词里讲过这样一个故事：

上帝给我布置了一项任务，让我牵一只蜗牛去散步。我心中很纳闷，可又不便推辞。尽管蜗牛已拼尽全力爬行，但每次都只是挪进那么一点点，我前行的速度完全被牵制了。

我又急又气。可是无论我如何催促、吓唬、责备乃至哀求，蜗牛仍然是慢慢腾腾的，还不时以抱歉的目光看着我，仿佛在说："我真的已经尽全力了！"

蜗牛"蜗行"的慢性子让我实在怒火中烧，禁不住对它又拉、又扯、又踢，最终把它弄伤了。蜗牛流着汗，喘着粗气，爬得更慢了。我真的想丢下它不管，但又苦于无法向上帝交代，也只好无奈地任蜗牛向前爬，而我在后边生闷气。

待我放慢脚步，静下心之时，忽然闻到了花香，我定睛一看，啊！原来这里是一个大花园。花园里开满了五颜六色的鲜花，姹紫嫣红、争相斗艳，蜜蜂在花丛间翩翩起舞，鸟儿在枝头引吭高歌，微风吹过，一阵醉人的花香扑鼻而来，多么美好啊！

咦？以前怎么没有这些体会？霎时，我幡然醒悟：原来上帝不是让我牵蜗牛去散步，而是让蜗牛"牵"我去散步！

忙忙碌碌，疲于奔命地追逐到底是为了什么？节衣缩食、精打细算、谨慎小心、慌慌张张、焦虑而急促地生活，这就是我们想要的生活吗？所谓的成功是“三天成为社交高手”“90天拿下百万订单”“一个月成为世界首富”吗？在这个时代，我们需要“慢”哲学，这是一种健康的心态，是一种积极的奋斗，是对人生的高度自信，是一种高智、随性、细致、从容地应对世界的方式。人的一生就好像背负着沉重的行李走路，急躁不得，人生需要像蜗牛一样慢慢地、一步一步地往前爬。当我们慢下来，才能提高做事的质量，才可以体会到生活的美好。

欲望是人生一切痛苦的根源

在人生的旅途中，除了沿途的美丽风景，还有很多的诱惑。每个人的心里都住着一个魔鬼，那就是欲望，欲望越是繁复，他们越是难以自拔，甚至奋不顾身、倾尽一生。每个人都有这样或那样的欲望，有的人喜欢权力，有的人喜欢金钱，有的人喜欢名利。欲望本身的特点就是难以满足，喜欢权力的人当上了一个小科长，这或许算是美事一桩，但他觉得自己晋升的空间还有很多，当了科长想当经理，当了经理想当总裁，就这样不断地循环下去，欲望越滚越大，扭曲了内心，成为了欲望的奴隶。被欲望腐蚀的心灵是空洞的，它们难以体会到简单的快乐。那些被欲望缠身的人，其实是最痛苦的人。如果我们不想自己过得这样痛苦，那就应该学会放下欲望。

大学毕业后，小柯考上了公务员，在一个小镇上做一名小科长。或许，是因为学生气太重，有棱有角，对任何事情都公事公办，严格按照上级所传达的文件处理一切事情，他这样的做法使自己处于一个孤立的境地，同一个办公室的小张怪里怪气地说："果然是文学院的人才，酸腐啊酸腐。"小柯感到不解，难道人民的公仆不应该像自己这样吗?

到年底了，每个科室要上交一份人事报告，对各个科室的同志进行客观的评价，主要是由科长撰写，而且这样的评价会成为年度表彰大会的依据之一。小柯根据平时的观察情况写出了中肯的意见，对其中一名同事作了批评，因为他总是缺班，没有干过一件正经的工作。谁知道，这样的表述立即为小柯带来了灾难，原来那位同事是镇长的儿子，所以才这么放肆。小柯觉得自己说的很有道理，但是，上面却没有任何说法，最后找了个借口撤去了他的科长职务，他成了一个闲人。

小柯觉得太受打击了，为了恢复原职，他仔细观察了周围同事的一言一行，逐渐感染到一些官僚风气。虽然，他心里觉得这好像违背了做人的原则，但是如果按自己现在的处境，会一辈子没有什么出息。于是，他开始融入到这个圈子，认识了许多达官贵人，聪明的他还懂得投其所好，花钱送一些礼物，说几句奉承话，没过多久，他就直接被任命为办公室主任。后来，他在官场里如鱼得水，镇长秘书、副镇长、镇长、市委书记逐渐晋升，成了许多同事羡慕的对象。看着自己的位置迁升，小柯很欣慰，但他并没有觉得知足，有了权力，他更想要金钱、美色，许多想依靠他这棵大树的不同行业的人纷纷送名车、递香烟、送美女，小柯的日子过得很逍遥。

但好景不长，纪委很快把他锁定，经过一段时间的调查之后，发现他受贿金额巨大，当即把他带到了纪检委。

欲望就像毒品，是会上瘾的，当你满足了一次之后，就会不断地想要更多的欲望，那根本就是一个无法填满的无底洞。在诱惑面前，欲望是极容易被勾起的，太过强烈的欲望不再是对自己的肯定，相反会否定或取消别人的存在。

生命是欲望的延续，人不可能没有欲望。欲望也不会停止，它会伴随着人的一生。欲望的存在是无可厚非的，但是，人类是高级动物，可以控制自己的欲望，甚至放下自己的欲望。一个人就像是一条欲望的溪流，它流淌的不是溪水，而是人的各种欲望。生活中，在繁复的诱惑面前，我们要学会放下各种欲望，让自己轻松前行，方能体会最简朴的快乐。

在宏村，有一位德高望重的老人，同时，他是一位医术精湛的老中医。他行医的宗旨是悬壶济世，解人疾苦。对于那些贫困的病人，他不仅免费医治，而且还给予精神安慰和金钱上的帮助。他在家乡行医了半个多世纪，积蓄颇为丰厚，于是就在家乡开办了一座济老院，收留那些晚年生活无依无靠的老人，这个济老院完全是慈善性质的。

虽然，老人花了大笔的钱来办济老院，但他自己的生活却坚持一切从简的原则。在宏村行走，他常年穿戴的都是旧而干净的布衣、布帽、布鞋，这些衣物的历史都在三十年以上，宏村的人们很少见到他添置新的衣帽，平时家里人置办新的衣服给他，他也不穿，而是将这些崭新的衣服送给那些缺衣服穿的人。在饮食上，他更是主张粗茶淡饭，以素食为主。生活如此之简单，但老人却生活得异常快乐，他闲来没事时就会去济老院陪那些老头老太太唠家常、叙往事。在老人七十岁的时候，他在济老院的前后种植了大片的竹子，等到他一百零一岁逝世时，竹子已经是郁郁葱葱，蔚然成林了。

后来，宏村的人为了纪念这位老人，专门在竹林前立碑，除了记述老人的生平事迹以外，还为这片竹林题下了“慈竹林”这三个大字。

简单的生活，首先应该有简单的心态。老中医舍得花大笔的钱来办济老院，做慈善事业，但并不意味着他在自己的生活中也是大手大脚，甚为讲究，相反，他自己的生活却是一切从简，一点也不烦琐。恰恰是因为这样简单的心态，他更容易获得快乐，从而也获得了长寿。

生命之舟若是太过繁重，生命就不再是一个蓬勃向上和快乐进取的过程，而会成为一个痛苦无奈的延续。一个在痛苦中挣扎的生命，拥有的东西再多，也都暗淡无光。就像古人所说“大道至简”，其实，真正快乐的生活应该也是简单的，或者说，最简单的生活才是实际的，才是最快乐的。

人生该有的态度其实是无所求

名利，多么具有诱惑力的一个字眼，同时，这也是很多人立足社会、搏击人生的主动力。自古以来，名利就是许多人一生的奋斗目标，多少人为了光宗耀祖而削尖了脑袋挤进官宦之途，多少人因为人生的不得志而郁郁寡欢。但是，在名利场上，春风得意、踌躇满志的人毕竟是少数，大多数人为名利而困扰，为那些自己得不到的名利而较真。其实，人生的道路本来很宽阔，如果我们把眼光尽放在名利上面，那只会让我们的道路越走越狭窄。只有我们敢于抛下名利，多一分从容，才能活出真的自我。

从古至今，人们对功名利禄的向往都很强烈，特别是居高位者，每每容易在权力欲望中迷失，最终变得疯癫。不过，曾国藩却说：“为官应当只问耕耘，不问收获。”这其中的淡然之心，可以说是令人敬佩的。而正是这样将名利抛下的心理，让他最终得以保身。

淡泊者不求名利，曾国藩就此做出解释："淡泊二字最好，淡，恬淡也；泊，安泊也。恬淡安泊，无他妄念也。而趋炎附势，追逐蝇头微利，则心智日益蹉跎也。"曾国藩是一个清醒的人，他认为："乱世之名，以少取为贵。"人生在乱世，世态发展皆在混乱之中，何谓富，何谓福，这都是难以说清楚的，所以人生还是少取为妙。

在功成名就之后，同治六年五月，曾国藩在家书中劝告欧阳夫人说："居官不过是偶然之事，居家乃是长久之计，能从勤俭耕读上做好规模，虽一旦罢官，尚不失为兴旺气象。若贪图衙门之热闹，不立家乡之基业，则罢官之后便觉气象萧索，凡盛必有衰，不可不预为之计。望夫人教训儿孙妇女常常做家中五官之想，时时有谦恭省俭之意，则福泽悠长。"

冰心老人曾告诉我们："人到无求，心自安宁。"在冰心老人家一辈子的经历中，我们不难看出，清心寡欲，淡泊宁静，正是她精神健康的奥秘。在半个多世纪以来，冰心将全部的杂念全部抛到脑后，一心扑在为孩子们的写作、交流上，而孩子们也带给她无限的安慰和喜悦。或许，正因为她心静如水，永远保持着童心，才使得自己在古稀之年也耳聪目明，思维敏捷。

庄子曾经面临着这样的选择：前面是清波粼粼的濮水以及水中从容不迫的游鱼，背后则是楚国的官位——两者巨大的差距使这道选择题看起来十分容易。但是大概楚威王也知道庄子的脾气，所以用了一个“累”字，只是庄子要不要这种“累”？多少人在这种“累”中体味到权力给人的充实感和成就感？这是生命中不能承受之“重”。

濮水的清波吸引了他，他无暇回头看身后的权势。他那么不经意地推掉了在俗人看来千载难逢的发达机遇。他把这看成了无聊的打扰。他只问了两位衣着锦绣的大夫一个似乎毫不相关的问题：“楚国水田里的乌龟，它们是愿意到楚王那里，让楚王用精致的竹箱装着它，用丝绸的巾饰覆盖它，珍藏在宗庙里，用死来换取‘留骨而贵’呢，还是愿意拖着尾巴在泥水里自由自在地活着呢？”两位大夫回答说：“宁愿拖着尾巴在泥水中活着。”庄子说：“那么，我也将拖着尾巴在泥水中活着。”

这个故事反映了庄子的真实心灵，他对于抛弃名利的坚持，让我们知道精神可以达到这样的境界。实际上，庄子的行为，确实让一代代“学而优则仕”的读书人，在赢得世俗成功的同时，有一种受名利驱使的无奈感。

一个人假如具备抛弃名利的人生态度，那面对生活，他就会比常人更容易找到乐观的一面。他所看到的就是生活的美好，他不再对那些可望而不可即的空中楼阁感兴趣。在纷繁的世界中，不去较真名利的争夺，在自己的心田，构筑一片宁静的田园，你自然会体验到简单的快乐。陶渊明伴着“庄生晓梦迷蝴蝶”中翩翩起舞的蝴蝶，在东篱之下悠然采菊，面对南山，陶渊明选择遗忘那些官场中的丑恶与仕途的不达，为自己寻会了一方心灵的净土。

第9章　遇事看得开，烦恼自然少

有人问佛家大师："佛法好，我们每个人都晓得，从什么地方能入得进去？"大师回答说："看得开，放得下。"看得开，就是明白事实真相。放得下，并不是什么事情都不要干，而是让我们从心上放下。

只管努力做好眼前事，你离成功就不远了

如果你希望自己一天能生活得十分快乐，那么就要放下顾虑，着重眼前事情，活在当下，那样才会活得自在。你要分清楚过去和现在。所有的顾虑只会给我们带来糟糕的心情，因为你的过去只会对现在产生影响，如果你被困在过去的阴影中，你就不可能快乐地生活在今天。也许，对过去和未来的某些顾虑虽然是有益的，但是花费太多的时间去反省过去，计划未来，这其实是在浪费时间。因为生活本身只有在此时此地，才能充分享受生活。我们不是否认过去，但是也不能沉溺过去，只有关注眼前事情，我们才能发挥聪明才智，生活才能更加真实和精彩。

威廉·奥斯勒年轻的时候，曾经是蒙特瑞综合医院的一

名医科学生。他在那里学医的一段时间里，对自己的生活充满了忧虑，不知道怎样才能通过眼下的期末考试，也不知道将来会在什么地方，创立什么样的事业，更不知道明天该怎么去生活。他整天为这些事情担忧着，无心自己的学业。偶然一次，他无意间在一本书上看见了这样一句话："对我们大家来说，生活中最重要的事情不是遥望将来，而是动手理清自己手边实实在在的事。"正是从书上看到的这句话，改变了这位年轻的医科学生，使他后来成为了最有名的医学家，创建了举世闻名的约翰斯·霍普金斯医学院，并成为了牛津大学医学院的钦定讲座教授，那可是学医的英国人所能获得的最高荣誉。

后来，威廉·奥斯勒爵士给耶鲁大学的学生作了一次演讲，他说："像我这样一个曾在四所大学当过教授，撰写过畅销书的人，大家以为我会有'特殊的头脑'。但是事实并非如此，我的朋友都知道，我的脑袋实在是最普通不过的了。"

有人问他："那你的成功秘诀是什么呢？"威廉·奥斯勒爵士认为："我之所以能够成功，是因为我没有时间顾虑，我总是把心思花在眼前的事情上。"

奥斯勒爵士的话并不是让我们不要为明天下功夫做准备，而是尽自己最大的努力，把眼前的事情做到完美无缺，这才是应对未来唯一可靠的方法。奥斯勒把每一天都当做是完全独立的，他不会沉溺在过去，也不会为未来忧虑，所以他能够信心满满地应付今天的事情。生活对于他，每一天都是快乐的，每一天都是自由自在的，所以最后他能够取得在医学上的瞩目的成就。

美国著名总统林肯曾经说过："大部分的人只要下定决心都能很快乐。"每个人的快乐不是来自外在，而是来自内心。只要在每一天保持快乐的心态，不要顾虑，着手眼前的事情，你就会获得自由自在的快乐。人为什么会忧虑？那都是因为沉溺在痛苦的过去，焦虑不可知的未来。如果一个人能够在心里抛下昨天和明天，只是展望眼前，那么其心里的压力和负担就不会那么沉重。

薛尔德太太住在密歇根州沙支那城，她以前是靠推销《世界百科全书》之类的书籍生活，后来因为有了自己的家庭便辞去了工作，那时候日子虽然不富足但是也过得很安乐。但是很快，她安逸的生活就陷入了苦难。在1937年，她的丈夫死了，她自己几乎身无分文，这令她非常恐慌。那段时间，她的精神极度颓废、崩溃，甚至差点自杀。后来，她给以前的老板奥罗区先生写信，请求他能让自己做回以前的工作。于是，她四处借钱凑足了分期付款的钱买了一辆旧车，又开始重新推销那些书籍。

薛尔德太太希望能够通过繁忙的工作来抵消自己的颓废和不安，可是她很快发现不行。毕竟她的丈夫已经不在了，只有她一个人驾车，一个人做饭吃，一个人生活，这所有的一切都令她无法承受。而她的工作也带给自己一些困扰，有些地方根本就卖不出去书，所以业绩不太好，虽然她买车的钱不是很多，但是对于她来说还是很难凑齐。她整天觉得心情很沮丧，对生活也没有什么希望，甚至绝望得差点自杀。

有一天，她读到了一篇文章，那篇文章中的一句话让她活了下来："对一个聪明人来说，每天都是一个新人生。"这句话令她精神振奋，于是，她把这句话打印出来，贴在汽车前面的挡风玻璃上，为了自己开车的时候就能随时看见它。薛尔德太太发现每次只活一天一点都不难。就这样，她摆脱了孤寂和恐慌，变得很快乐，工作业绩也上去了。

薛尔德太太把每一天都看做是新生，所以她能够在每一天里忘记过去，不想将来，只是把心思放在今天，放在眼前的事情上。所以她能够很快摆脱自己过去的恐慌心情，而变得十分快乐，这样自己工作起来也很有精神。不管昨天有多么糟糕，但是毕竟已经度过了昨天，新的一天就应该忘记充满痛苦的昨天，带着新的心情又开始新的一天。你就会发现，每次只活一天是多么容易的事情。

学会放手，才能得到更多

生活中，我们不要再为自己曾经失去而看不开。学会放手，说不定你能获得整个世界。既然我们降生在这个世界，又何必计较命运的不公？生活的失落？为什么要因为秋天的凋落而怨恨四季的美丽呢？有时候，生活就像是一杯蔚蓝色的酒，酒杯里盛满的就是人生的酸甜苦辣，我们不应该沉醉自己，而是努力将自己的人生变得洒脱充实。现实生活中，我们需要正确看待得失，应该相信，现在我们所拥有的，不管是顺境、逆境，都是对我们最好的安排。假如可以这样，我们才能在顺境中感恩，在逆境中依旧心存快乐。对于那些失去的东西，不要为此感到郁郁寡欢，人生总会失去什么，也会得到什么。得失是一种规律，别为失去而悲伤，别看不开，放得下，这样我们才会有所获得。

人们总是习惯于得到而害怕失去，虽然有得必有失的道理是人人皆知的，但人们因为失去了觉得可惜可叹，每当自己失去了某些东西，总要难受一阵子，甚至是痛苦。月亮也会有圆缺，但依然皎洁，人生即使有缺憾，依然很美丽。曾国藩说：“道微俗薄，举世方尚中庸之说。闻激烈之行，则訾其过中，或以罔济尼之，其果不济，则大快奸者之口。夫忠臣孝子，岂必一一求有济哉？势穷计迫，义无反顾，效死而已矣！其济，天也；不济，吾心无憾焉耳。”他把成功与失败都归结于天命，当然免不了唯心，但他对于自己所失去的，总以平常心对待，这就是一种坦荡的心态。很多时候，只要自己努力过，得到与失去都没什么重要了，也没有什么怨恨了。为人处世，尤其是这样，假如太在意失去的，自己也就没办法认真地做以后的事情。那些患得患失的人总是将得失放在首位，人活一世，即便得到的东西再多，死的时候也带不进坟墓，这又何必呢？如果失去了，那就学会放下，不要看不开，这样我们才能收获轻松的心情。

战国时期，长城边上有个养马的老头，大家都叫他塞翁。有一天，他的一匹马丢了，面对邻居们的劝慰，塞翁笑着说："丢了一匹马损失不大，没准会带来什么福气呢。"果然，没过几天，丢失的马不仅自己返回家，还带回了一匹匈奴的骏马。

就在邻居们都为塞翁的马失而复得高兴的时候，塞翁却忧虑地说："白白得了一匹好马，不一定是什么福气，也许惹出什么麻烦来。"果然，塞翁喜欢骑马的独生子发现带来的马神骏无比，骑马出游，高兴得有些过火，打马飞奔，一个趔趄，从马背上跌下来，摔断了腿。面对邻居们的再一次安慰，塞翁说："没什么，腿摔断了却保住了性命，或许是福气呢。"邻居们觉得他又在胡言乱语，他们想不出，摔断了腿还会带来什么福气。不久，匈奴大举入侵，青年人应征入伍，塞翁的儿子因为摔断了腿，不能去当兵。后来，他们得到消息，去打仗的青年全部牺牲了，因此，塞翁的儿子躲过了一劫。

塞翁失马，焉知非福。有时候，你以为你失去了，实际上你却得到了最好的东西，人生就是这样。当你为失去而烦恼的时候，不仅仅失去一份美好的心情，还有可能影响整个事态的发展。相反，如果对于所失去的，你能完全地放下，那么你将获得一份轻松无比的心情。

我们总是生活在得失之间，当一个人处心积虑得到什么的时候，同时也无可奈何地失去了什么。因为鱼和熊掌是不可兼得的，我们所需要的就是这种“得不是喜，失不是忧”的情怀，如果我们能明白生命的可贵，那就会明白人生最美的是奋斗的过程，为失去而悲伤，只不过是自寻烦恼。

泰戈尔曾说：“曾错过太阳，但我不哭泣，因为那样我将错过星星和月亮。失去了太阳，可以欣赏满天的繁星；失去了绿色，得到了丰硕的金秋；失去了青春岁月，我们走进了成熟的人生。”失去的不能再得到，过去的不能再回来，不如趁机会抓住眼前的一切，珍惜现在所拥有的，说不定我们能收获整个世界。

拿得起放得下，都是一种修行

爱迪生说：“没有放弃就没有选择，没有选择就没有发展。”生命并不是只有一处灿烂辉煌，学会包容过去，融通未来，创造人生新的春天，人生将更加明媚和迷人。对于人生中的种种，既然拿得起，就应该懂得放下，对于自己的过去，大可不必耿耿于怀，是好是坏都已经成为过去，且把它看做是一张白纸，放下了，心中就没有了埋怨与不满，生活的一切都会顺利平稳。假如我们认为人来到这个世界是应该有所作为的，那就更需要重视自己的存在。因为每个人的生命是伟大的、富有创造力的，只是我们经常会忽略这一点，在生活中，从来不缺乏体验与成长的机会，即使身处绝境，也不正是开辟新天地的大好时机吗？当我们不堪负重前行的时候，就应该学会放下，而不较真其中，只有这样，我们才有力气继续前行。

宋朝的吕蒙正，被皇帝任命为副相，第一次上朝，忽然人群里竟有人大声讥刺他说："哈哈哈，这种模样的人，也能入朝为相啊？"可吕蒙正却像没有听见一样，继续往前走，然而，跟随在他后边的几个官员却为他鸣起不平来，拉住他的衣角，非要帮他查查到底是谁竟然如此大胆，敢在朝堂上讥刺刚上任的宰相。吕蒙正推开众人，说："谢谢大家的好意。我为什么要知道是谁在说我呢？一旦知道了，一生都放不下，往后还怎么处事？"

有人说："人生最大的幸福就是拿得起，放得下。"一个人在处世中，拿得起是一种勇气，放得下是一种肚量。对于人生道路上的鲜花、鼓掌，有智慧的人大都等闲视之，屡经风雨的人更是有自知之明；对于坎坷与泥泞，能以平常心对待，就十分容易。在人生的旅途中，若是遇到了大的挫折与大的灾难，可以不为之所动，可以坦然承受之，这就是一种肚量。禅宗以大肚能容天下之事为乐事，这便是一种很高的境界。对于生活中的种种，既来之，则安之，便是一种超脱，不过，这种超脱又需要经过多年的磨炼才能养成。拿得起，实在可贵；放得下，方是人生处世之真谛。

吕蒙正善识人，所举荐的人，后来无不成为国家的栋梁，而他最大的特点就是一旦用了某人，便不再用自己的权力来约束其才能的发挥。做宰相期间，他一直以“无为而治”作为自己的施政方针。所以，有一天，他的两个儿子愤愤不平地对他说：“爸爸，外面都传说你无能，你做宰相，权力怎么能都被别人分夺去了呢？”吕蒙正听了，哈哈大笑说：“我哪有什么能耐啊？皇上不就是看我善于识人，才提拔我当宰相的吗？我当宰相就是为国家物色有能力办事的人，我要权力干什么啊？！”

擅画者留白，擅乐者希声，养心者留空。生活中，人们往往是拿得起，放不下。因为较真，他们难以放下各种欲望。其实，放下是一种智慧，它作为生存之态，是化繁后的睿智，是画龙后的点睛，是深刻后的平和。正如美国作家梭罗所说：“一个人越是有许多事情能放下的，他就越富有。”而只有看开了，我们才能真正地放下。

有位登山者在一次登山中，首次不使用氧气，成功登上了世界最高峰——珠穆朗玛峰。当他下山后，人们纷纷问他成功登顶的秘密时，他说：“这没有什么秘密，我知道大脑是一个重要的耗氧源，科学家曾告诉我们：各种思想在大脑中相互撞击时，竟要消耗我们吸入全部氧气的40%。所以，为了减少对氧气的消耗，我只有向前走这一个念头，至于其他的任何想法我都把它们统统从脑子里抛掉，没有了任何的杂念，我就等于放下了一个背在身上的巨大的包袱！轻松地向前，这就是我成功的全部秘密。”

对于生活中的每一个人而言，功名、利禄、荣辱、爱恨、死亡、惧怕、苦乐等等存在于内心的时候，往往也会成为自己内在的渴望超越自我的一种原动力。不过，我们一旦执着这样的东西，就会让它成为前进路上的一个沉重的包袱。一个人要学会拿得起，放得下，这样我们才能真正做到看得开。

做人不要攀比，好好活自己

有人坦言：最害怕就是参加各种同学会，因为现在的同学会简直就是“攀比会”，比事业，比地位，比房子，比车子，比银子……因为看不开，越比越急，越比越累。其实，这样的烦恼都是自找的，放下攀比之心，做最好的自己，你会发现生活一定会轻松很多。我们所没能明白的是，生活中的差别是无处不在的，我们很容易会在这种差别中产生攀比的心理，并且习惯性地将自己所作的贡献和所得的报酬与别人进行比较。如果两者大致相等，就会感到心理平衡；如果对方强过自己，那我们就会心理失衡。比如，某些人看到与自己同等级别的人用车比自己高级，住房比自己宽敞，自己甚至还不如某些级别和职务低的人，心里就会感到很不平衡。其实，这就是典型的攀比心理，通常也是因为看不开的心态所造成的。因为处处看不开，总是情不自禁地与他人的一切进行攀比。

从前，有一位贫穷的农夫，他有一位非常富有的邻居，邻居有很大一个院子，有一栋非常漂亮的房子，还有一辆漂亮的马车。对此，农夫产生了攀比之心，心想：他一个人住那么大的房子，可我呢？一家五口人拥挤在一个小草房里，上天真是太不公平了。每次遇到这位邻居，贫穷的农夫都会冷漠地走开，似乎这样一种姿态可以满足自己的自尊心。到了晚上，农夫就开始痛苦了，他翻来覆去就是睡不着，总想着自己能住上邻居那样的大房子，或者，他向上天祈祷，让那位富有的邻居变得像自己一样贫穷吧，不然，自己会被攀比之心气死的。

后来，村子里来了一位智者，据说，他能给那些痛苦的人指引道路，从而让他们过上快乐的日子。农夫觉得自己也应该去看看，来到那里，发现人们已经排了很长的队伍，而排在自己前面的不是别人，就是那位邻居。农夫感到很奇怪："这样一位富有的人也会感到痛苦吗？"过了半天，邻居进去了，农夫还在外面等着，可是，直到太阳下山，邻居还没有出来，农夫的嫉妒又开始了："上帝真是不公平，怎么智者就跟他说了这么多。”终于，邻居出来了，那位富人的脸上显露了从未有过的笑容。

农夫心中一动，急忙走了进去，智者说：“你为何而痛苦啊？”农夫回答说：“我总是看我那位邻居不顺眼。”智者微笑着说：“这是攀比心在作怪，你需要做的就是克制自己，想想自己所拥有的东西。”农夫十分生气：“智者啊，你怎么也那么偏袒呢？给我的邻居那么多忠告，却只给我简单的两句话。”智者说：“你一进来，我就猜到你是为什么而痛苦，贫穷所带来的攀比心理，可是，那位富人进来，我只看到他殷实的外在，看不到他精神的富足，详细询问了才知道他的症结所在。”农夫不解：“他也会感到不快乐吗？”智者说：“当然，虽然他比你富有，房子比你大，但是他只有一个人，而你呢？还有贤惠的妻子和可爱的孩子，现在，你想想，你所拥有的人是不是他所缺乏的，这样一想，你就不会痛苦了。”听了智者的话，农夫心中释然了，他感到快乐的日子离自己不远了。

俗话说：“人生失意无南北。”即便是在富丽堂皇的宫殿里也有悲恸，而在破旧不堪的瓦屋中也会有笑声。只是，在平时生活中不管是别人展示的，还是我们所关注的，总是风光的一面，得意的一面。这就好像女人的脸，出门时美丽动人，那不过是给别人看的。回到家里卸妆之后，素面朝天，往往却不是那般光彩照人。

在某单位有一位小职员，过着安分守己的平静生活。有一天，他接到了一位高中同学的邀请电话。十多年未见，他带着重逢的喜悦前往赴约。昔日的老同学经商有道，住着豪宅，开着名车，一副成功者的派头，这让小职员羡慕不已。自从那次见面以后，他就好像变了一个人，整天唉声叹气，逢人便说自己心中的苦恼："这小子，以前上学时考试老不及格，凭什么现在有那么多钱？"同事安慰说："我们的薪水虽然无法和富豪相比，但不也够花了嘛！"

小职员懊恼地摇摇头："够花？我的薪水积攒一辈子也买不起一辆奔驰车。"同事看得很开："买不起奔驰也一样能上班下班、外出旅行，一样过得挺好。"可那位小职员却终日郁郁寡欢，后来竟然得了重病，卧床不起。

生活中，有很多我们一直很在意的东西，这跟别人比较，根本没什么可比性，做好自己才是最智慧的选择。其实，很多时候，幸福往往就在我们身边，但不少人却无从感知，这就是"身在福中不知福"。有时候，我们必须对自己的能力有一个较为清醒的认识，要看得开，不能过多地与人攀比，抛弃不切实际的幸福期望值。如果你降低不切实际的期望值，你会发现幸福是唾手可得的。

俗话说："天外有人，人外有天。"我们不可能在任何方面都比别人强、胜过别人。太较真的人一味和比自己强的人相比，由于心灵的弦绷得太紧了，那就是无端损失自己的精神，很难会有大的作为。其实，我们每个人都有自己的独特之处，别人拥有的未必适合你，你所拥有的往往是别人所羡慕的。因此，放下攀比之心，做好自己，才能更接近幸福。

相信别人，别随意猜忌

猜忌是人性的弱点之一，从古至今，那都是害人害己的祸根，是卑鄙灵魂的伙伴。一个人假如掉进了猜忌的陷阱，那必定看不开，神经过敏，对他人失去了信任，对自己也会心生疑窦。猜忌的人总是痛苦的，因为他不断地在与自己较真，在这个过程中，他痛苦，甚至疯狂，那种纠结于内心的痛苦是旁人无法体会的。那些习惯猜忌、猜疑心很重的人，整天疑心重重、无中生有，认为每个人都不可信、不可交往。由于现代社会的多元化，不知道在什么时候，信任已经变成了奢侈品，我们经常会看到一些因信任而上当受骗的例子，因此就连我们自己也不再愿意轻易地相信某个人了。不过，我们始终不能忘了，信任是我们生活中最不可少的，如果缺少了信任，我们的生活就失去了阳光，世间也会少了许多温暖。

在《三国演义》中，曹操是一个喜欢猜忌别人的人，因为猜忌他人，他也做了不少冤枉别人的事情。

当曹操刺杀董卓失败后，与陈宫一起逃至吕伯奢家里。

由于曹吕两家是世交，吕伯奢见到曹操来了，就想杀一头猪款待他。但曹操一听到有磨刀的声音，便怀疑人家要加害自己，一声“缚而杀之”，更让他深信不疑。于是，曹操不分青红皂白，不问男女，杀了吕伯奢一家大小。一直杀到厨房，发现被捆着等待挨刀的大肥猪，才知道自己错杀了好人。

尽管如此，曹操还是赶紧与陈宫急忙逃出庄外，正好路遇沽酒回来的吕伯奢，这时的曹操没有半点的愧疚之意，为了达到防止被追杀的目的，他竟然对自己父亲的结义金兰举起了带血的屠刀。

此外，曹操还有一大心病，他唯恐别人会趁自己睡觉时加害自己，于是，常常吩咐左右：“我梦中喜欢杀人，我睡着的时候大家不要靠近。”有一天，曹操在帐中睡觉，被子掉在了地上，一个侍卫过来帮曹操把被子盖好。曹操跳起来，拔剑杀了侍卫，又上床继续睡觉。醒来之后，曹操故意惊问道：“是谁杀了侍卫？”左右据实报道，曹操痛哭，命令大家厚葬侍卫。其实，曹操知道，自己是在有意识的状态下拔刀杀人的，但又唯恐失天下人之心，因为猜忌，可谓是欲盖弥彰。

曹操的疑心病伴随了他一生，在这个过程中，他自己也是痛苦不堪。他每天不断地猜忌，猜忌有谁对自己不忠不敬，猜忌谁对自己有所企图，终日为猜忌所累，这才是疑心病给他带来的最大痛苦。

信任有时候仿佛是易碎的玻璃花，哪怕只是一句玩笑，都会对信任产生影响。当然，有的信任是经过多年的接触才能建立起来的，同时，这样的信任也是经得起考验的，当我们心中有了一点猜忌的时候，为什么不能对他人多一些信任呢？

一艘货轮在大西洋上行驶，突然，一个黑人小孩不慎掉进了波涛滚滚的大西洋。孩子大喊救命，无奈风大浪急，船上的人谁也听不见，他眼睁睁地看着货轮拖着浪花越走越远。求生的本能使得孩子在冰冷的海水里拼命挣扎，他用尽全身的力气挥动着瘦小的双臂，努力让自己的头伸出水面，睁大眼睛盯着轮船远去的方向。

船越走越远，船身越来越小，到最后，什么都看不见了，只剩下一望无际的大西洋。孩子的力气快用完了，实在游不动了，他觉得自己要沉下去了。“放弃吧。”他对自己说。这时，他想起了老船长那慈祥的脸和友善的眼神，“不，船长知道我掉进海里之后，肯定会来救我的！”想到这里，孩子鼓足勇气用生命的最后力量向前游去。

船长终于发现那个黑人孩子失踪了，当他断定那个孩子是掉进海里以后，下令返航回去找。这时有人劝道：“这么长时间了，就是没有被淹死，也让鲨鱼吃了。”船长犹豫了一下，还是决定回去找。终于，在那孩子就要沉下去的最后一刻，船长赶到了，救起了孩子。

当孩子苏醒了之后，跪在地上感谢船长的救命之恩时，船长扶起孩子问道：“孩子，你怎么能坚持这样长的时间呢？”

孩子回答说："我知道您会来救我的，一定会的！"船长好奇："你怎么知道我一定会来救你呢？"孩子睁着天真无邪的眼睛，回答道："因为我信任你，我知道你是那样的人。"听到这里，船长"扑通"一声跪在黑人孩子面前，泪流满面："孩子，不是我救了你，而是你救了我啊！我为我在那一刻的犹豫而羞耻。"

对每一个人而言，可以完全被一个人信任是一种幸福，可以毫无保留地信任一个人也是一种幸福。当然，大胆相信他人不是一件容易的事情，信任一个人有时需要许多年的时间，有些人甚至终其一生也没有真正地信任过任何人。

有时候，我们难以去信任别人，问题不在于别人，而在于我们自己。因为我们总是放不下猜忌心，总是猜疑别人对自己是不是有不好的企图，是不是为了加害于自己，这样的想法多了起来，我们就难以对他人给予信任。

第10章　只有看得透，才能笑对人生

对于人生而言，看不透是困境，看得透是生机。看透是一种生活态度和看事角度，不过，看透是多么难的事情，其实也是最简单的事情，因为看透不仅仅是胸襟和思想的博大，更是一种自然、质朴的态度。

别太纠结，凡事想开一点

人生苦短，岁月匆匆，对每个人而言，想不开无济于事，远不如想得开笑逐颜开。在生活中，有的人官运亨通，顺利得让人觉得不可思议，旁人看来怎能不眼红、不来气，这就是想不开。如果一个人想得开，多从其他不如别人的方面去掂量、去思考，将自己短处比人家长处，劣势比人家优势，尽可能化解心中的不服气。我们也可以从另外一个方面去想，当多大的官就得负多大的责任、操多大的心，即便自己当不上官，日子虽然清贫，但却活得踏实，不用担惊受怕，开开心心多活几年。

有人占你便宜，不要生气，想开一些，让他三尺又何妨；有的事情吃亏了，不要烦恼，所谓“吃亏是福”。想得开是一件不容易的事情，是一门学问，也是思想斗争。想想：他人有山珍海味，我有清茶淡饭；他人有花园别墅，我有安身之所；别人漂洋过海，我也能看小桥流水；别人旅游休闲，我自有一壶绿茶，偷闲半日。想开一些，命运就强大一些。想得开，便可以活得轻松快乐，活得一点也不累。人生在世，想不开的事情天天有，想得开就心胸坦荡、海阔天空、开开心心、快快乐乐。

有一位美国的农夫，他经过了多年工作的努力之后，终于用自己存起来的钱买了一块价格便宜的田地。可是他买地之后，心情就十分低落。因为他买的那块土地非常贫瘠，根本不适合种植任何农作物，甚至连干粮作物都长不出来。除了一些矮灌木响尾蛇，其他什么东西都无法活在这片土地上。

他整日为这件事忧虑着，后来他想到了一个主意，能把这个负担变为资产，挫折变为机会。于是，他不顾身边人们诧异的眼光，开始捕捉地上的响尾蛇，又去买了些机器来生产响尾蛇的罐头。就这样下去，几年之后，他的农庄变成了当地十分有名的观光景点，每一年平均就有两万名观光客前来参观。

后来，这位美国农夫的生意越做越大了。他把响尾蛇的毒液送往美国实验室作血清，而响尾蛇的蛇皮则以高价售出，用来生产女人的鞋与皮包，然后再把蛇肉装罐卖到世界各地。于是，他们村的邮戳都改为“佛罗里达州响尾蛇村”，来对这位“看得开”的农夫表示致敬。

那位美国的农夫看见自己用所有积蓄购买的土地一片荒芜的时候，他并没有马上放弃它。而是思考怎么把这一片贫瘠之地利用起来，于是他针对土地上盛产响尾蛇这样的特点，开始制造罐头，并且还可以把响尾蛇的毒液、蛇皮都利用起来，最终使自己取得了巨大的成功。上天开始只是给了他一个酸柠檬，但是他却没有因柠檬的酸苦就扔了它，反而思考怎么把一个酸柠檬榨成柠檬汁。最后，他不但把柠檬榨出了甘甜的柠檬汁，还榨出了比原来更多的柠檬汁。他的成功主要就是在于看得开，他那乐观、积极向上的心态使他最终取得了成功。

波姬·戴尔是一位眼睛带有残疾的女人，她只有一只满是疮疤的眼睛，只能靠眼睛左边的小洞来观察这个世界。而当她看书的时候，她必须把书贴近脸，然后努力把眼睛往左边斜。虽然她的眼睛是这个样子，但是她也拒绝别人的怜悯，而靠自己的心情来享受生活的快乐。

小的时候，她渴望跟其他孩子一样玩跳房子，但是由于自己的眼睛的关系，她看不见地上的线。于是，她等伙伴们都回家了自己一个人趴在地上，将眼睛贴到线上看来看去，并且牢牢记住玩的地方。不久之后，她就是玩跳房子的高手。读书时期，她把大字印的书紧紧贴在自己的脸上，这样艰难地学习着，谁也没有想到，她凭着自己坚韧的毅力，得到了两个学位，分别是明尼苏达州州立大学学士学位和哥伦比亚大学硕士学位。

完成了自己的学业之后，她开始了自己的教书生涯，通过自己的努力，她不但成为了文学教授，工作之余还在一些妇女俱乐部发表演讲，还到一家电台主持读书节目，她说："我脑海深处，常常怀着完全失明的恐惧，为了打消这种恐惧，我采取了一种快活而近乎游戏的生活态度。"

戴尔并没有因为自己只有一只眼睛，就开始抱怨生活的不公平，而是愉快地融入到人们的生活中，她对上天赐予的麻烦很看得开。她甚至不需要人们的怜悯，而是希望自己看起来跟别人没有什么两样。事实上，她做到了，虽然付出了比常人多几倍的努力，但是她依然活出了最优秀的自己。她把自己身上被别人看成的不幸，变成自己的幸运，并且乐于享受生活的乐趣，所以她能够在失明50年以后，还能通过手术重见光明。生活是给了她太多的不幸，可是她并没有对自己的命运进行抱怨，相反，她十分愿意享受生活带来的乐趣，所以生活也给了她同样的回报。

同一件事，想开了就是天堂，想不开就是地狱。我们的麻烦多半来自于自私、贪婪，来自于妒忌、攀比，来自于自己对自己的苛求。大多数人想改变这个世界，不过却很少有人想改造自己。对一件事情的看法，往往反映出一个人内心真正的态度。若是看得开，带着一个好心态去看待原以为没什么意思的事，结果肯定会有意想不到的效果；你带着笑脸面对他人，你见到的肯定也是一张张的笑脸，而假如把恶劣的心态强加于人，必然会收到恶劣的态度。想得开，怀着好心态，心情就会随之改变；有了好心情，态度也会随之改变；有了好态度，习惯也会随之改变；有了好习惯，性格也就会随之改变；有了好性格，人生也会随之改变；有了好人生，我们才会真正拥有快乐。要想有好心态，就必须凡事想开一些。

道理都懂，事也拎得清想得透

魏尔仑说：“希望犹如日光，两者皆以光明取胜。前者是荒芜之心的神圣美梦，后者使泥水浮现耀眼的金光。”要知道，每一个明天都是希望，无论自己身陷怎么样的逆境，只要想得开，不感到绝望，因为我们还有许多个明天。只要未来有希望，人的意志就不容易被摧垮，前途比现实重要，希望比现在重要，人生不能没有希望。只要你想得开，你就永远不会有绝望。生活中，每个人在某个时刻都会面临绝境，但它往往并不是真正的生命绝境，而是一种精神和信念的绝境。只要你的精神不倒，保存希望，即使在绝境中，也能寻找到希望之花。

在人生的道路上，挫折和逆境都是在所难免的，而那些磕磕绊绊、坎坎坷坷也是我们无法预料的，但是，有一样我们一定要牢牢记住：想得开，就一定有希望。在遭遇逆境的时候，不要为此沮丧忧虑，不管发生了什么事情，无论自己的处境多么糟糕，都不要沉溺在绝望中无法自拔，千万不要让痛苦占据你的心灵。想得开，心怀希望，当困难来临的时候，我们才有勇气直面困难、打倒困难，并以顽强的意志战胜困难。亚伯拉罕·林肯在一次竞选参议员失败后这样说道："此路艰辛而泥泞，我一只脚滑了一下，另一只脚也因此站不稳，但我缓口气，告诉自己'这不过是滑一跤，并不是死去而爬不起来'。"因为他凡事想得开，怀抱着必胜的希望，所以，他的人生从来没有绝望过。

有一个穷人为农场主做事。有一次，穷人在擦桌子时不小心碰碎了农场主一只十分珍贵的花瓶。农场主向穷人索赔，穷人哪里能赔得起。最后被逼无奈，只好去教堂向神父讨主意。神父说："听说有一种能将破碎的花瓶粘起来的技术，你不如去学这种技术，只要将农场主的花瓶粘得完好如初，不就可以了。"

穷人听了直摇头，说："哪里会有这样神奇的技术？将一个破花瓶粘得完好如初，这是不可能的。"神父说："这样吧，教堂后面有个石壁，上帝就待在那里，只要你对着石壁大声说话，上帝就会答应你的。"

于是，穷人来到石壁前，对石壁说："上帝请您帮助我，只要您帮助我，我相信我能将花瓶粘好。"话音刚落，上帝就回答了他："能将花瓶粘好，能将花瓶粘好……"

穷人听后希望倍增、信心百倍，于是辞别神父，去学粘花瓶的技术去了。一年以后，这个穷人终于掌握了将破花瓶粘得天衣无缝的本领。他真的将那只破花瓶粘得像没破碎时一般，还给了农场主。

难道真的是上帝回答了他吗？其实，他想要感谢的是他自己，那块石壁只不过是一块回音壁，他所听到的上帝的回答，其实就是他自己的声音。只要想得开，心中的信念在，希望就在。许多人陷入了逆境，总是悲观绝望，给自己增加很大的压力。事实上，逆境是另一种希望的开始，它往往预示着美好的明天。你只需要告诉自己：希望是无处不在的。那么，再大的困难也会变得渺小，再糟糕的处境也会有所好转。

每个困境背后，都蕴藏着生命的礼物

佛家曰："每个困境都有其存在的正面价值。"生活中，人们听到"困境""挫折"这样的词儿总是紧皱眉头，郁郁不得志。在他们看来，困境意味着绝路，或许，自己再也没有翻身的那一天了。但事实并不是这样，多少成大事者都是从困境风雨中走了过来，从而获得了巨大的成功。也许，你会问，同样是困境，怎么会出现这样大的差别呢？那是因为，困境本身自有它积极的一面，在困境风雨中，那些坚持下来的人，他们往往会收获一份意想不到的礼物。或是乐观的心态，或是顽强的斗志，或是困难中的机遇，但是，正是这些困境中获得的经验与教训，铸就了他们最后的成功。

人生因逆境风雨的历练而变得多姿多彩，也许我们并不欢迎困境、磨难的到来，但是，当它们与我们不期而遇的时候，请不要调转回头。困境就好似一个魔鬼，一旦它看上你，就会对你穷追猛打，不舍不弃。而那些躲避甚至逃跑的人，只会被他欺负得更加悲惨。如果你想成大事，那么，你必须经得起逆境风雨的洗礼，经得起失败的打击。成功是需要风雨的洗礼的，而一个有追求、有抱负的人，总是视挫折为动力。所谓“能受天磨真铁汉，不遭人嫉是庸才”，困境，对于天才来说是一块成功的跳板，对强者来说是一笔宝贵的财富。

格哈德·施罗德出生在一个工人家庭，小时候，父亲在战争中牺牲，施罗德兄妹五人与母亲相依为命。有一段时间里，他们住在一个临时搭建的收容所里，尽管母亲每天工作长达14个小时，但仍然不能满足家里的开支。年仅6岁的施罗德总是安慰母亲：“别着急，妈妈，总有一天我会开着奔驰来接你的。”

逐渐长大的施罗德进了一家瓷器店当学徒，后来又在一家零售店当学徒。1963年，施罗德加入了民主党。在之后的10年里，他读完了夜校和中学，后来到格丁根通过上夜大来攻读法律。大学毕业后，他获得了律师资格，成为了一名律师，不久之后，他当选为社民党格廷根地区青年社会主义者联合会主席。在以后的日子里，施罗德一直活跃于德国政坛，46岁那年，施罗德再次竞选成功，成为萨克森州州长，就是在这一年，施罗德实现了儿时的愿望，开着银灰色奔驰轿车将母亲接走了。也许，是儿时的苦难记忆，施罗德在人生的道路上丝毫不敢懈怠，8年之后，施罗德一举击败连续执政16年之久的科尔，当选为德国总理。

童年时期的施罗德曾在杂货铺里当学徒，那时他常说的一句话是：“我一定要从这里走出去！”他成功了，而且，比自己想象中走得更远。即使，在成功的路上伴随着困难与逆境，但是，施罗德从来没有把逆境当成一回事，而是善于从逆境中获取自己想得到的礼物。儿时的记忆让他明白：自己必须牢牢抓住隐藏在困难中的机遇，不断地向前行。或许，那隐藏在逆境中的机遇，就是上天给予施罗德的礼物。

卡莉·费奥瑞娜从斯坦福大学法学院毕业以后，她所做的首份工作是一家地产公司的电话接线员。费奥瑞娜每天的工作就是打字、复印、收发文件、整理文件等杂活，父母与亲戚对费奥瑞娜的工作感到不满意，认为一个斯坦福大学的毕业生不应该做些杂活。但是，费奥瑞娜却没有任何怨言，她一边努力工作，一边学习。有一天，公司的经纪人向费奥瑞娜问道：“你能否帮忙写点文稿？”卡莉·费奥瑞娜点了点头，凭着这次撰写文稿的机会，她展露了自己卓越的才华。在以后的日子里，卡莉·费奥瑞娜不断向前发展，后来成为了惠普公司的CEO。

卡莉·费奥瑞娜刚开始进入社会的时候，不受重视，只能替人打杂跑腿，接受无端的批评、指责，得不到提携，处于自生自灭的过程中。但是，她并没有选择放弃，而是在逆境中继续忍耐，等待机遇的降临。

任何一个人在成长的过程中，都将注定经历不同的苦难、荆棘，那些被困难、挫折击倒的人，他们必须忍受生活的平庸；而那些战胜苦难、挫折的人，他们能够突出重围，赢得成功。逆境所带来的礼物远比它本身有意义，当然，我们获取礼物的前提条件是你能够坚持下去，否则，你只会永远被列为平庸者。

别害怕眼前的黑暗，因为背后有阳光

在生活中，人有时候会像树和动物一样，不可避免地需要面对黑暗、暴风雨，不过，世界上的任何事情都具有两面性，人生也不例外。当我们身处人生的阴暗面时，我们不应该只是让自己沉浸在悲观中无所作为，而是学会转身去寻找人生的太阳。因为当你转过身，你会发现，我们的世界是无比的光辉灿烂。一个人内在的力量是巨大的。内在的自我假如是悲观消极的，那足以把自己打垮；而假如一个人怀着积极进取的阳光心态，那即便身在逆境，也可以在风雨之中迎来久违的彩虹。因为当你背对阳光的时候，看到的永远是阴影，而当我们转过身，面对阳光时，看到的则永远是万里晴空。

约翰从出生的那天起，就是一个没有右手的孩子。当他渐渐长大懂事，开始为自己的身体残疾而难过、沮丧时，父亲语重心长地告诉他："世上有数以百万的人和你一样残疾，但他们没有自怨自艾，而是将自己的残疾置之度外，很多人甚至还成就了难以想象的功业，所以你没有必要为自己的残疾难过。你同样可以将事情做得出色，只是你要采用与常人不同的方法。对你来说，重要的不是你的残疾，而是如何面对残疾给你带来的挑战。我们没有权利把残疾当作借口，发挥自己的才能才是我们应该做的。"

就这样，约翰在父亲的鼓励与帮助下，开始了与残疾的抗争。约翰从小就具有良好的身体协调性，逐渐地，他爱上了运动。像大多数孩子一样，他常在自家的院子里与父亲玩投球接球，渐渐地，他学会了打棒球。

长大后，运动成为他被别人接受的途径。因为约翰的内心深处觉得，如果自己在赛场上表现得更出色，那么别的孩子就不会觉得他"与众不同"，约翰希望通过这来引起别人的注意，而不喜欢人们关注他只是因为他少了一只手。19岁那年，约翰的父亲去世，在弥留之际父亲仍不忘叮嘱他：“其实，你被赋予了许多才能，但是必须记住，你用它们做了什么。”约翰安慰父亲：“我知道，爸爸，你不容许我将残疾作为借口。”

约翰很喜欢棒球。在父亲去世之后，他加入了密歇根大学棒球队，并两次入选国家队，还参加了1988年的汉城奥运会。后来，有记者问他，会不会因为自己只有一只手而感到难过，约翰笑着回答：“噢，不会，残疾并不重要，在99%的时间里，我甚至忘记自己比正常人少了一只手，只有在穿针的时候，才会想到这件事。”

人生不如意十之八九，活着本身其实是不容易的，但假如除去了这八九成的不如意之事，那至少还有一两成是如意的、快乐的、愉快的事情。假如要让我们的人生充满欢声笑语，充满阳光，那就要学会转身，常常去想那一两成的好事，这样我们就会感到庆幸，懂得珍惜，不至于被生活的困境和挫折打倒。

下岗工人老王从一家国营企业下岗后，只身去了南方谋生。人生地不熟的他来到广州后，由于年龄偏大，奔波了十几天，竟然没有找到一份适合自己的工作，到最后为了生存，他不得不加入拾荒队伍，成了一个地地道道的“拾荒客”。

第一次“全副武装”地挑着箩筐走上大街拾荒，老王有点抹不开面子，走在街上他把头埋得低低的，仿佛所有的行人都在用怪异的眼光看着自己。更糟糕的是，老王见到垃圾竟然没有上前去捡的勇气。但为了生存，最后还是放下自尊，强忍着心里的不适，努力地在垃圾堆中翻找着那些可以换钱的东西。

在那段与垃圾打交道的日子里，老王觉得自己的人生已跌到谷底，也许自己再也爬不起来了。对生活的绝望，使得他的情绪很消沉，几乎失去了活下去的信心。但做了一段时间的“拾荒客”后，老王的心态发生了很大转变，因为在拾荒的过程中他发现，虽然很多人看不起“拾荒客”，不愿从事这个职业，但他们不知道这竟是个很能赚钱的行当啊！老王从废品收购站老板的赢利中看到了潜在的商机，萌生了自己开一家废品收购站的想法。

于是在老王的组织和策划下，一些拾荒者以入股的方式加入了他的公司。之后，他又从废旧家具中发现商机，在收购废品的同时，做起了废旧家具的回收买卖，即将城里的废旧家具回收后再卖到农村；同时在农村收购有价值的乡土产品，然后再到城里出售。

靠着灵活的头脑、独特的经营方式，几年下来，老王取得了意想不到的成功。现在，他已是一位身价千万的民营集团老总了，拾荒让老王挖到了“第一桶金”。有时，人生的缺憾恰恰成了赢得丰盈未来的契机和亮点。

假如你的生活充满了阴影，不要悲伤，转过身，你就可以看到阳光。转过身，就是要我们不去想那些不如意的事情，而是培养自己积极的心态。如意或不如意，并不取决于我们的人生际遇，而是取决于人生态度，取决于我们的心态是消极还是积极的。当我们转过身，才会乐观地发现，决定我们生活品质的不是那大部分的不如意的事情，而是那少部分的快乐、如意的事情。

适合不适合，只有自己心里最清楚

有人喜欢住最豪华的别墅，有人喜欢开最奢华的轿车，有人喜欢最优越的工作，有人喜欢拿最高的工资。每个人都渴望自己的生活是最好的，因为最好的总是颇显珍贵，而那些太过于平凡的则不会受到人们的欢迎。实际上，那些往往最好的却并不一定是适合自己的。或许，你住惯了小胡同，突然到了别墅里，吃饭睡觉都觉得极不自然；高级的轿车虽然很漂亮，但每次使用都要格外珍惜，好像一点也不适合性格大大咧咧的自己；优越的工作很不错，但压力太大了，自己也承受不了；最高的工资是总裁的工资，好像自己努力一辈子也达不到那个水准。所以，那些在我们眼里是最好的，在实际生活中根本不适合自己。有人说，我买东西通通都是最贵的，但是，很多东西买回来才发现华而不实，一直搁在那里没有使用。生活中的很多事实证明，最好的往往不适合自己。所以，当你面对选择的时候，一定要选择合适自己的，这才是最明智的选择。

许多年轻人在选择爱情的时候，都会恪守一个原则：选择合适的而不是最好的。其实，人生中有很多选择，也跟选爱情是一样的道理，只有合适自己的才是最好的。在这个世界上，用什么来衡量是好还是坏呢？是人们的眼光还是自己亲身的经历，我想更多的人会觉得自己亲身经历过才有说服力吧。那些在别人身上颇显珍贵的东西，在自己身上并不一定显示出珍贵来，因为不适合。如果你选择了一份合适的工作，选择了一个合适的对象，买了一套合适的房子，那么你的生活是非常幸福的。任何人与事都需要合适不合适，简单的一句“不合适”，你就可以拒绝，因为不合适，强求来的只会是长久的痛苦与磨难。有多少人以“合适”来作为自己的标准呢？

汪先生是一个没有文化的人，年轻时靠着自己卖报纸挣了一些钱，然后在亲戚的帮助下开了一家小饭馆。他不怕吃苦，整天辛勤地工作，到处寻找成功的经验。小饭馆在他精心地管理下，生意蒸蒸日上，顾客由一些街坊邻居到了白领阶层，甚至还有许多商界中的成功人士也慕名而来。汪先生觉得很欣慰，特别是看着那些成功人士叼着名贵香烟、穿着满身名牌，不时从嘴里蹦出两句英语，这让汪先生羡慕不已，他希望自己有一天也能过着这样的生活。

日子一天天过去了，小饭馆变成了大酒楼，过了一两年，还开了分店，汪先生腰包也鼓起来了。他买了名车，买了洋房，把乡下的老婆孩子都接到了城里，过上了上流社会的生活。因为生意做的比较大，许多商家都慕名而来，自然少不了大大小小的应酬。刚开始的时候，汪先生觉得应酬很新鲜，认识那些有品位的人，说着一口纯正的普通话，在这里，他再也不是那个什么都不懂的乡巴佬，而是成了成功的企业家。但是，渐渐地，汪先生发现自己与这个圈子格格不入，自己常年干活的双手长起了老茧，经常被那些人笑话；有时候，面对满口英文的老外，他根本不知道如何开口。内心朴实的他不能融入到这个圈子里，每天的应酬也会让自己很累。

没过多久，他就带着老婆回了乡下，酒楼的生意让儿子接管，因为儿子学的是商业管理，比自己更有能力。偶尔，他也会叼着旱烟，在酒楼里坐坐，十分惬意地享受着。

处处彰显着虚伪的应酬根本不适合内心朴实的汪先生，他自己也意识到了。年轻时候的梦想虽然实现了，但那种看似上层社会的生活，原来是不适合自己的。所以，汪先生选择了退隐乡下，种花养草，这才是属于自己的生活情趣。

有人撞得头破血流，挤上了独木桥，踏上了考公务员的艰辛历程，当他终于经过了三次考试获得了正式的职位，却发现坐在办公室里看报纸、喝开水并不适合自己的个性；有的人抛弃了大学男友，毅然选择了有车有房的成功人士，结婚之后才发现他根本容忍不了自己的性格，于是含着泪水拿了离婚证书；有的人一路奔波，终于买了房子车子，跻身为上流社会的一员，却发现整天的应酬根本是自己的克星。爱情需要合适自己的，生活需要合适自己的，工作需要合适自己的，这样你才会赢得人生的幸福。

参考文献

[1]约瑟夫·墨菲.潜意识的奇迹：发现内心强大的自己[M].北京：中国法制出版社，2018.

[2]卡耐基.做内心强大的自己[M].北京：新世界出版社，2012.

[3]王娟娟.正能量：做内心强大的自己[M].长春：北方妇女儿童出版社，2015.

[4]壹心理.反脆弱：做一个内心强大的人[M].广州：广东人民出版社，2017.